Lothar Stempfle • Ricarda Zartmann

Aktiv verkaufen am Telefon

Interessenten gewinnen, Kunden überzeugen, Abschlüsse erzielen

2., überarbeitete und erweiterte Auflage

Springer Gabler

Lothar Stempfle
Erlenbach
Deutschland

Ricarda Zartmann
Erlenbach
Deutschland

ISBN 978-3-658-02989-0
ISBN 978-3-658-02990-6 (eBook)
DOI 10.1007/978-3-658-02990-6

Die Deutsche Nationalbibliothek verzeichnet diese Publikation in der Deutschen Nationalbibliografie; detaillierte bibliografische Daten sind im Internet über http://dnb.d-nb.de abrufbar.

Springer Gabler

Lektorat: Manuela Eckstein

Gedruckt auf säurefreiem und chlorfrei gebleichtem Papier

Springer Gabler ist eine Marke von Springer DE. Springer DE ist Teil der Fachverlagsgruppe Springer Science+Business Media
www.springer-gabler.de

Vorwort zur zweiten, erweiterten Auflage

Der Innendienst wird immer mehr zur verkaufsaktiven Zone. Das ist die wohl bedeutendste und folgenreichste Entwicklung, die sich seit der ersten Auflage dieses Buches im Jahr 2008 ergeben hat. Und darum gewinnt der aktive Verkauf am Telefon immer mehr an Gewicht.

Diese Entwicklung wirkt sich ganz unmittelbar auf unser Buch aus. Denn vor einigen Jahren, als die erste Auflage erschien, hatten wir als wichtigste Zielgruppe vor allem den klassischen Verkäufer vor Augen, der am Telefon Kundenbeziehungen anbahnt sowie Produkte und Dienstleistungen vorstellt und verkauft. Heute sind die im Folgenden dargestellten Inhalte jedoch auch für den Innendienstler von Interesse.

Diese neue Rolle des verkaufsaktiven Innendienstes beschreiben wir mit dem Stichwort „Kommunikative Schaltzentrale“. Was bedeutet das? In der telefonischen Kundenbetreuung wird die Grundlage dafür gelegt, dass sich der Kunde gut betreut fühlt und weiß, dass in der Firma ein Mensch arbeitet, der sich intensiv um ihn bemüht und kümmert. Der Innendienstler betreibt aktive Beziehungspflege und stellt den Kontakt zum Kollegen vom Außendienst her.

Mit anderen Worten: Der Verkäufer führt als verlängerter Arm des Innendienstes das am Telefon Besprochene in der persönlichen Begegnung weiter. Der Mitarbeiter aus dem Innendienst ist nicht länger der „langweilige Sachbearbeiter“ – sondern die Kontaktbrücke zum Außendienst und zum Kunden.

Darum sind vor allem der erste Teil dieses Buches, in dem es um die Einstellung und die grundsätzliche Philosophie geht, mit der der Telefonverkäufer sein Handwerk betreibt, sowie der dritte Teil für den Innendienstler von großem Interesse. Denn im dritten Teil geht es um die professionelle Nachbereitung des Telefonats, also eine klassische Aufgabe des Innendienstes.

Wie die neue Zusammenarbeit zwischen Innendienst und Außendienst aussehen sollte, veranschaulichen wir ausführlich am Schluss des Buches im „Ausblick".

Doch damit nicht genug. Die zweite größere Weiterentwicklung, die wir in den letzten Jahren in unserer Praxis als Trainer beobachtet haben, ist die Notwendigkeit des Provozierenden Problemlösungsverkaufs, kurz PPV genannt. Um nicht missverstanden zu werden: Nach wie vor plädieren wir für den Telefonverkauf von Mensch zu Mensch. „Erst kommt der Mensch, dann der Verkauf." Das ist und bleibt die Grundlage des erfolgreichen und glaubwürdigen Telefonverkäufers.

Aber gerade deswegen gilt: Wenn Sie hundertprozentig wissen und davon überzeugt sind, für Ihren Kunden eine bessere Problemlösung bereitzuhalten als der Konkurrent oder der Wettbewerb, dann ist es Ihre Pflicht und Schuldigkeit, diese Lösung aktiv und offensiv anzubieten und dabei auch provokativ vorzugehen, nach dem Motto: „Sehr geehrter Herr Kunde, diese Beispielkalkulation zeigt, dass Sie damit rechnen müssen, zehn Prozent Marktanteil zu verlieren, wenn Sie nicht..."

Es geht nicht darum, dem Kunden Angst zu machen, sondern ihm die Folgen aufzuzeigen, die entstehen, wenn er nicht Ihrer, der besseren Problemlösung folgt. Dieser neuartige Verkaufsansatz setzt eine etwas andere Gesprächsführung am Telefon voraus – am Ende des zweiten Teils haben wir einen Exkurs zum PPV ergänzt.

Verkaufsaktiver Innendienst und PPV – auch der Telefonverkäufer sieht sich ständig mit neuen Herausforderungen konfrontiert. Entscheidend ist, diese Herausforderungen als Chancen zu definieren und kreativ zu nutzen, und noch kundenorientierter zu agieren, als Sie es ohnehin schon tun.

In diesem Sinne wünschen wir Ihnen eine informative und zugleich unterhaltsame Lektüre!

Ricarda Zartmann
Lothar Stempfle

Einleitung: Von Mensch zu Mensch

„Den Menschen gewinnen – und am Telefon mehr verkaufen“: Das ist die Einstellung, die Sie zum erfolgreichen Telefonverkäufer macht. Wir – die Autoren – sind der festen Überzeugung: Erst kommt der Mensch, dann das Verkaufen. Wer nur verkaufen will – ohne Ansehen der Person, ohne Beziehungsaufbau, ohne den Willen, den Anderen in seinem So-Sein zu akzeptieren, wird nur kurzfristig erfolgreich sein.

Viele Gesprächsleitfäden für das Verkaufsgespräch am Telefon definieren das Telefonat als relativ statisches Gebilde, bei dem der Verkäufer einem bestimmten Schema folgen soll. In diesem Buch verfolgen wir einen flexibleren Ansatz: Wir verstehen jedes Kundengespräch als einmalige Interaktion zwischen zwei Menschen, von denen der eine etwas verkaufen will, aber nicht (immer) weiß, ob der Gesprächspartner dies auch wünscht. Und der andere soll etwas kaufen, ohne dass er dies im Moment des Anrufs schon beabsichtigt. Aus dieser grundlegenden Konstellation heraus ergibt sich die Einmaligkeit eines jeden Telefonats und die notwendige Einstellung des Telefonverkäufers, den Gesprächspartner zuallererst als Menschen wahrzunehmen – und dann als potenziellen Käufer.

Erst der Mensch – dann der Käufer

Damit wir uns nicht missverstehen: Sie müssen verkaufen, Sie sollen verkaufen. Das schaffen Sie am besten, wenn Sie zum späteren Käufer von Anfang an eine menschliche Beziehung aufzubauen versuchen.

Eine Geschichte verdeutlicht dies – sie stammt von einem unserer Kunden, dem Geschäftsführer eines Callcenters. Dieser hatte seine Telefonverkäufer angehalten, jedes Kundengespräch mit dem Satz zu beenden: „Ich wünsche Ihnen noch einen erfolgreichen Tag!" Im Rahmen einer Werbekampagne hatte er angekündigt, jedem Kunden ein Präsent zuzusenden, wenn ein Mitarbeiter seines Callcenters ein Gespräch nicht mit diesem Satz beenden würde. In einem Seminar erzählte uns der Geschäftsführer dann von einem Mitarbeiter, der einen Tag nach der Werbeaktion diesen Satz aus seinem Gesprächsleitfaden entfernt habe: „Warum soll ich mich jetzt noch so verabschieden, ich sage, Auf Wiederhören', und fertig. Was soll das Brimborium!" Kunden, die nicht wussten, dass jene Aktion zeitlich befristet war, und dem Mitarbeiter mitteilten, dass sie sich schon auf das Geschenk freuten – er hatte ja jenen Abschlusssatz nicht gesagt – entgegnete er: „Tut mir Leid, diese Aktion ist längst abgelaufen. " Nun konnte er sich wieder seinem eigentlichen Geschäft widmen, dem Verkaufen.

Die Geschichte zeigt: Wenn Kundenfreundlichkeit und Kundenorientierung nicht durch die innere Einstellung des Telefonverkäufers begründet und legitimiert sind, sind sie so gut wie wertlos. Der Telefonverkäufer in der Geschichte sah seine Kunden wahrscheinlich als Möglichkeiten, sein Gehalt zu verdienen, die Provision zu steigern, eben als Käufer, nicht als Menschen. Doch es muss genau anders herum ablaufen: Sie müssen sich die innere Einstellung erarbeiten, dass Sie es auf der andere Seite der Leitung mit einem Menschen zu tun haben. So gewinnen Sie den Menschen – und dann den Käufer.

Der wichtigste Mensch auf der Welt

Es ist wie bei der Entstehung von Freundschaften: Der beste Freund ist nicht der beste Freund, weil man sich vor dem ersten Aufeinandertreffen vorgenommen hat, diesen Menschen jetzt zum besten Freund gewinnen zu wollen. Und die gute Geschäftsbeziehung ist nicht unter dem Motto entstanden: „Den mache ich mir jetzt zum Geschäftsfreund!" Vielmehr führen das unvoreingenommene Kennenlernen und das ehrliche Gespräch zu dem, was man „tiefe Freundschaft" nennt.

Beim Telefonverkauf, wie wir ihn verstehen, geht es also nicht um den funktionalen Beziehungsaufbau, bei dem Kontakt zu einem Menschen aufgenommen wird, weil man sich von den Rollen und Funktionen, die dieser innehat, einen Vorteil erhofft – hier von seiner Rolle als „Käufer". Vielmehr geht es um den persönlichen Beziehungsaufbau. Und dazu müssen Sie den Kunden für die Zeit des Telefonats zu Ihrem wichtigsten Gesprächspartner machen: Hier und heute, jetzt im Telefonat, ist er für Sie der wichtigste Mensch der Welt. Und den wichtigsten Menschen auf der Welt behandelt man ehrlich, man will glaubwürdig und authentisch wirken, man lässt sich auf ihn ein, will ihm helfen, ihm einen Nutzen bieten, sein Problem lösen.

► **Praxis-Tipp: Telefonieren Sie von Mensch zu Mensch** Telefonate von Mensch zu Mensch sind möglich, wenn es für die Zeit des Telefonats nicht um Ihre Welt, um Ihre Wünsche, Erwartungen und Hoffnungen geht – sondern um die Welt des Gesprächspartners, um seine Wünsche, Erwartungen und Hoffnungen. Sein Universum steht im Mittelpunkt, nicht das Ihre.

Auf „Treu und Glauben"

Beim Telefonverkauf zählen in erster Linie Vertrauen und Verlässlichkeit – sofern der langfristige und dauerhafte Verkaufserfolg das Ziel sein soll. Dabei kommt das Vertrauen nicht von allein – es will vielmehr erarbeitet sein. Die Basis ist eine gute Beziehung, die auf gegenseitiger Sympathie fußt. Dies ist vor allem deshalb notwendig, weil am Telefon häufig erklärungsbedürftige Produkte verkauft werden – und eben Versprechungen und damit Hoffnungen. Hoffnung auf Lieferfähigkeit, auf Qualität, auf Genauigkeit, auf Servicefähigkeit. All dies können Sie nicht zeigen, am Telefon auch nicht beweisen, indem Sie dem Gesprächspartner schwarz auf weiß eine Statistik vorlegen. Sie sind zurückgeworfen auf sich selbst, Ihre Stimme, Ihre Überzeugungskraft.

Sie müssen darum in der Lage sein, sich in den Kunden hineinzuversetzen, seine Perspektive einzunehmen, ihn zu öffnen, in ihn hineinzuhören, um ihn und seine Gedankenwelt zu verstehen. Und das von Anfang an, in der Phase des Kennenlernens. Dabei hilft jene Einstellung, die Kundenwelt zum Mittelpunkt auch Ihrer Welt zu machen. Dann ist es möglich, dass der Kunde und Sie Gemeinsamkeiten erfahren und erfühlen, füreinander Vertrauen empfinden. Die Schnittmenge zwischen seiner Welt und Ihrer Welt wird größer. Der Gesprächspartner spürt Ihr innerliches Beteiligtsein an seiner Situation. Schließlich akzeptiert er Sie – als Mensch und als Verkäufer. Und erst dann können Sie im verstehenden Gespräch die Motive des Kunden erfassen und daraus Lösungen zu seinem Vorteil und Nutzen entwickeln.

Sicherlich wächst das Vertrauen mit der Länge der Kundenbeziehung, die Grundlage aber schaffen Sie im ersten Kontakt. Und darum ist die Vorbereitungsphase – wir beschäftigen uns damit im ersten Teil dieses Buches – so ungeheuer wichtig.

Auf Ihre Glaubwürdigkeit kommt es an

In den höchst vergleichbaren Märkten, in denen sich die meisten Telefonverkäufer bewegen und behaupten müssen, entscheidet über Erfolg und Misserfolg die Persönlichkeit desjenigen Verkäufers, der am glaubwürdigsten ist. Ihre Kunden wollen sich sicher sein, dass das, was Sie sagen, mitteilen und versprechen, auch stimmt und von Ihnen eingehalten wird. Wenn sich Ihr Kunde überredet oder gedrängt fühlt – ob nun zu Recht oder zu Unrecht – haben Sie ihn schon verloren. Er verweigert den Abschluss oder bestraft Sie mit harten Einwänden und gar mit der Stornierung des Auftrags. Mit diesen Verhaltensweisen spiegeln Kunden das Druckverhalten des unsensitiven Telefonverkäufers, sie reagieren auf den Hochdruckverkäufer mit Gegendruck.

▶ **Praxis-Tipp: Bieten Sie den Menschen eine Problemlösung an** Unserer Erfahrung nach bauen Sie Glaubwürdigkeit dann auf, wenn es Ihnen gelingt, vom Kunden nicht primär als jemand wahrgenommen zu werden, der ihm etwas verkauf en – oder „andrehen" – will, sondern als Mensch, der ihm in der Eigenschaft als Verkäufer einen Nutzen und eine Problemlösung anbietet.

Der Aufbau des Buches

Wenn Sie jetzt den Eindruck haben, Sie bräuchten „nur" die richtige Einstellung, um ein guter Telefonverkäufer zu sein, müssen wir Sie enttäuschen. Denn natürlich sind jene Einstellung, das Vertrauen und Ihre Glaubwürdigkeit das Fundament – darauf aber müssen die Strategien, Techniken und Methoden des Verkäufers aufsetzen. Nur dass es jetzt eben die Strategien, Techniken und Methoden des glaubwürdigen und empathischen Verkäufers sind.

Aus diesen grundsätzlichen Überlegungen ergeben sich der Aufbau und die Gliederung unseres Buches:

- Im ersten Teil dreht sich alles um die Gesprächsvorbereitung, die Einstellung des Verkäufers zum Verkaufen, zum Telefonieren und zum Gesprächspartner – es geht um Ihr Selbstmanagement, Ihre Selbstmotivation und Selbstorganisation. Unser Ziel: Die ersten zwei Kapitel bewegen Sie dazu, sich ab jetzt so zu verhalten, als sei der nächste Anruf der allerwichtigste Ihres Lebens. Und auf solch einen Anruf bereitet man sich entsprechend vor.
- Im zweiten Teil steht das Telefongespräch im Mittelpunkt. Der Aufbau folgt dem klassischen Gesprächsverlauf: Gesprächseröffnung/- einstieg – Kerngespräch – Gesprächsabschluss. Aber wir bieten kein starres Schema. Zwar beachten Top-Verkäufer bei ihren Telefonaten eine Gesprächsstruktur. Die strategischen und

operativen Tipps bilden allerdings eher Hilfestellungen, die der Verkäufer je nach Bedarf einsetzt – nicht automatisch, sondern flexibel und nach Notwendigkeit. Der Bedarf richtet sich nach dem individuellen Verlauf des Telefonats Dies gilt insbesondere für den PPV, den Provozierenden Problemlösungsverkauf (Exkurs 4).

- Der dritte Teil beschäftigt sich mit der Nachbereitungsphase. In ihr entscheidet sich, ob es Ihnen gelingt, sich für den anderen Menschen, den Kunden unentbehrlich zu machen, frei nach dem Titel des Fantasy-Kultfilms „Highlander: Es kann nur einen geben" mit Christopher Lambert und Sean Connery.
- Wir schließen unser Buch im vierten Teil ab mit einer Darstellung verschiedener Einsatzbereiche für das Telefon, wobei wir Ihnen auch einige exemplarische Telefonskripte an die Hand geben und Ihnen über dies das Konzept des verkaufsaktiven Innendienstes vorstellen.

In eingestreuten Exkursen vertiefen wir wichtige Einzelaspekte. Hinzu kommt: Wo immer möglich, gestalten wir unser Buch praxisorientiert. Unsere Praxis-Tipps bieten sofort umsetzbares Wissen, immer wieder werden wir Sie bitten, das Gelesene auf Ihre persönliche Situation zu beziehen. Die Kapitel schließen wir zumeist mit einem Test ab, damit Sie prüfen können, ob und was Sie an Ihrem bisherigen Telefonverhalten ändern sollten.

Bevor es nun so richtig losgeht, noch folgende Anmerkung: Wir, Autorin und Autor, haben lange überlegt, wie wir Sie, unsere Leserinnen und Leser, ansprechen sollen. Damit unser Text besser lesbar ist – und die doppelgeschlechtliche Ansprache behindert den Lesefluss unserer Meinung nach –, haben wir uns für eine Anrede entschieden, nämlich die männliche. Wir bitten Sie dafür um Verständnis und versichern Ihnen, dass mit „Kunden" auch „Kundinnen" und mit „Telefonverkäufern" auch „Telefonverkäuferinnen" gemeint sind.

Ricarda Zartmann
Lothar Stempfle

Inhaltsverzeichnis

Die Autoren

Lothar Stempfle ist Diplom-Betriebswirt und leitet seit 1993 die „Stempfle Unternehmensentwicklung durch Training" inzwischen in Erlenbach. Er ist Experte für Verkauf und ganzheitliche Vertriebssteuerung. Sein Motto: „Nur die Gesamtentwicklung einer Organisation führt zu nachhaltig wirkenden und messbaren Ergebnissen!"

Führungskräfte und Mitarbeiter arbeiten gemeinsam daran, dass Trainingsinhalte in der Praxis umgesetzt werden und Trainings zu Verhaltensänderungen führen. Wichtig ist ihm, dass die Veränderungsprozesse von den Führungskräften und den Mitarbeitern permanent selbst reflektiert werden – am besten schriftlich. Eigenverantwortung ist unerlässlich für die persönliche Weiterentwicklung.

1997 erhielt die „Stempfle Unternehmensentwicklung durch Training" den Trainingspreis, der vom Bundesverband der Verkaufsforderer und Trainer (BDVT) verliehen wird, in Gold, 2004 erhielt sie den Preis in Silber. Im März 2007 hat das Unternehmen den Internationalen Deutschen Trainingspreis des BDVT in Silber erhalten.

Kontakt: Stempfle Unternehmensentwicklung durch Training, Herdweg 13, 74235 Erlenbach, Tel. 07132/34150-0, E-Mail: lstempfle@stempfle-training.de, www.stempfle-training.de.

Ricarda Zartmann ist Expertin für nachhaltige und messbare Vertriebs- und Kommunikationstrainings. „Nur wenn die Vertriebsentwicklung unter einem ganzheitlichen Aspekt gesehen wird, sind messbare und nachhaltige Ergebnisse möglich" – so der Leitspruch der Vertriebs- und Kommunikationstrainerin und Coachingexpertin.

Dabei steht der Mensch im Mittelpunkt der umsetzungsorientierten Trainings der gelernten Werbekauffrau. Die NLP-Practitionerin trainiert strikt teilnehmerorientiert. Voraussetzung ist die genaue Analyse des Problems, mit dem ein Unternehmen zu kämpfen hat. Dann erarbeitet sie unternehmensindividuelle und kreative Problemlösungsstrategien und designt darauf aufbauend nachhaltig wirksame Vertriebs- und Kommunikationstrainings.

Kontakt: Stempfle Unternehmensentwicklung durch Training, Herdweg 13, 74235 Erlenbach, Tel. 07132/34150-0, E-Mail: rzartmann@stempfle-training.de, www.stempfle-training.de.

Teil I
Bereiten Sie sich professionell vor: Der nächste Anruf ist der wichtigste Ihres Lebens

Eine Binsenweisheit, eine Selbstverständlichkeit: kein Telefonanruf ohne gründliche Gesprächsvorbereitung – auf den Kunden, auf den Gesprächsinhalt, auf die Gesprächssituation. Und doch: keine Binse, keine Selbstverständlichkeit. Glauben Sie uns, wir wissen, wovon wir reden: Gerade die Vorbereitungsphase – das müssen wir in unseren Seminaren immer wieder zur Kenntnis nehmen – wird von vielen Telefonverkäufern vernachlässigt. Entweder sind sie von ihrem Talent absolut überzeugt: „Das habe ich nicht nötig", oder von ihrer Erfahrung: „Ich bin routiniert genug, um das ohne große Vorbereitung zu schaffen." Oder sie wissen es einfach nicht besser.

Damit Ihre Telefontermine immer ein geplantes Gespräch sind, legen wir Ihnen im ersten Teil unseres Buches dar, wie Sie sich mental und organisatorisch auf den wichtigsten Anruf Ihres Lebens vorbereiten. Und das ist immer der nächste.

So bereiten Sie sich mental vor: Selbstmanagement und Selbstmotivation

1

Im Grunde ist Verkaufen eine ganz banale Sache – wenn da nur nicht die Gedanken wären – die Gedanken daran, was nun alles schief gehen und nicht klappen könnte. Und darum ist die mentale Vorbereitung so wichtig für den Verkaufserfolg.

Alles beginnt im Kopf

Schon häufig haben wir beim Telefontraining in unseren Seminaren Verkäufer erlebt, die sich in den schwärzesten Farben ausgemalt haben, wie der Kunde reagieren könnte: Er legt einfach auf, sagt „Nein", beschimpft den Verkäufer. Aber all dies geschieht – nur in ihren Köpfen, in ihrer Vorstellung! Die Abkürzung WYSIWYG: What You See Is What You Get fasst dies kurz und bündig zusammen.

Der Fluch des Vor- und Nachdenkens – er ist zugleich ein Segen, denn zum Glück funktioniert die Sache ja auch umgekehrt: Sie können sich das Telefonat mit dem Kunden in den buntesten und schönsten Farben ausmalen, es liegt in Ihrer Hand. Denn sich richtig einzustellen, also eine verkaufsfördernde Haltung zu entwickeln, ist ein aktiver Prozess: Die richtige Einstellung ist der Schlüssel zum Erfolg.

Der Normalfall aber leider ist, dass sich viele Telefonverkäufer von Negativprogrammen beherrschen lassen, die ihnen einreden, der nächste Anruf misslinge bestimmt. Das Problem: Mit diesen Pro-

L. Stempfle, R. Zartmann, *Aktiv verkaufen am Telefon*,
DOI 10.1007/978-3-658-02990-6_1,

grammen sind zusätzlich auch noch Gefühle verknüpft. Der Verkäufer stellt sich also vor, wie er vom Kunden abgelehnt wird. Je mehr er daran denkt, desto stärker wird das unangenehme Gefühl, das jeder bei Ablehnung empfindet. Am liebsten würde er nun davonrennen.

Tatsächlich reagieren so viele Telefonverkäufer. Nein – der Arbeitsplatz wird nicht verlassen, sie rennen nicht weg. Doch die Telefonliste mit all den Kunden, die eigentlich angerufen werden müssten – sie wird nicht kürzer. Bei jedem Kunden findet der Verkäufer eine Ausrede, nicht anrufen zu müssen.

▶ **Praxis-Tipp: Nehmen Sie sich Zeit zur Selbstbefragung**

- Welche Ausreden finden Sie, um nicht anrufen zu müssen?
- Was hindert Sie daran, eine Telefonliste mit 100 Kundennamen zu bearbeiten – jetzt und sofort?

Gefangen in SEPPs Teufelskreis

Was sind die Ursachen für dieses Verhalten? Es hängt mit unserer Angst vor dem „sozialen Tod" zusammen, mit unserer Angst, abgelehnt und nicht geliebt zu werden. Diese Angst kann überwältigend sein.

Das negative Denken entzieht dem Verkäufer die Energie, souverän am Telefon zu agieren und seine Fähigkeiten und Verkaufspotenziale zu entfalten. Entsprechend gering ist seine Überzeugungskraft, der Zutritt zur Kundenwelt bleibt ihm versperrt, der Kunde kann seine Argumente gar nicht erst empfangen. Stattdessen empfängt der Gesprächspartner die Signale der Schwäche, die der Verkäufer unbewusst aussendet. Die Folge: Er definiert den Verkäufer als wenig sympathisch – und diese ablehnende Haltung bringt er auch zum Ausdruck.

„Aha, wusste ich es doch, den Kunden kann ich abschreiben. Der Markt ist schwierig, Verkaufen am Telefon in heutigen Zeiten ohnehin unmöglich!" Das Gespräch hat dem Verkäufer recht gegeben. Er hat die Bestätigung seiner Vorstellung – oder besser: seines Vorurteils – bekommen und geht das nächste Gespräch mit einem noch schlechteren Gefühl an. Ein Teufelskreis! Ein Kreislauf, den der Verkäufer selbst in Gang setzt und in dem er vor sich selbst davonrennt und doch nicht weiterkommt. Fast wie ein Hamster, der in seinem Laufrad versucht zu entkommen.

Es ist „SEPP", der den Verkäufer so handeln lässt. Kennen Sie „SEPP"? „SEPP" steht für die sich **S**elbst**E**rfüllende **P**rophezeiung als **P**erson in uns, die uns ins Ohr flüstert, dass „es" einfach schiefgehen muss. Erfolg beginnt zwischen der Ohren. Unser Denken beeinflusst unser Gefühl, unser Gefühl wiederum die Energie, mit der wir handeln. Und schließlich beeinflusst unser Handeln das Ergebnis. Unser Denken wirkt sich also auf das Ergebnis unseres Tuns aus. Unser Denken gibt den Ton an, es setzt einen Rahmen, innerhalb dessen wir unsere eigene und subjektive Wirklichkeit schaffen.

► **Praxis-Tipp: Vertreiben Sie SEPP**

- Verwechseln Sie Ihre subjektive Wirklichkeit nicht mit der Realität. Realität ist etwas ganz anderes als Wirklichkeit. Die Wirklichkeit erschaffen wir in unserem Kopf und hier haben wir absolute Gestaltungsfreiheit. Im Kopf nehmen wir Ergebnisse vorweg, allerdings zumeist unbewusst.
- Der Skispringer Jens Weißflog soll einmal gesagt haben: „Du fliegst immer nur so weit, wie Du es Dir zuvor schon gedacht hast." Wer glaubt, er schaffe nur den kurzen Sprung, wird schnell wieder auf dem Boden der Tatsachen landen. Wer an den weiten Satz glaubt, der fliegt.
- Es ist also unsere Einstellung, die zu einem großen Teil darüber entscheidet, ob wir zu den Siegern oder zu den Verlierern zählen.

Raus aus dem Negativprogramm – und rein ins Positivprogramm

Welches Denken führt dazu, dass wir im Telefonverkaufsgespräch blockieren? Mitentscheidend ist die Gewohnheit, eigenes Verhalten zu verallgemeinern und auf andere Menschen zu übertragen. Wir glauben, dass alle Menschen genauso ablehnend reagieren, wie wir es selbst das eine oder andere Mal gemacht haben. Doch sind die Anderen wirklich so, wie wir selbst sind? Schauen Sie sich um. Sehen alle so aus wie Sie? Sind alle so gekleidet wie Sie? Nein, natürlich sind die Anderen anders – und das ist gut so. Das wiederum bedeutet: Jeder Mensch reagiert anders, für jede Situation gibt es zahlreiche Entscheidungs- und Handlungsoptionen. Und das gilt auch für die Reaktionsweisen Ihrer Telefonkunden! Geben Sie ihnen doch bitte die Chance, sich selbst zu entscheiden, ob sie „ja“ oder „nein“ zu Ihrem Angebot sagen.

„Shit happens – ich küsse weiter!“

Das blockierende Phänomen der Verallgemeinerung lässt sich zudem beobachten, wenn Verkäufer nach einem oder einigen wenigen Telefonaten, die nicht zum gewünschten Resultat geführt haben, die Reaktionen der Kunden generalisieren. Anstatt sich nun zu sagen: „In Ordnung, shit happens, ich mache weiter“, stecken die meisten Telefonverkäufer den Kopf in den Sand.

Besser ist es, sich zu fragen, ob beim nächsten Anruf etwas anders gemacht werden sollte – und wieder aktiv zu werden. Das Programmmuster: „Beim ersten Mal hat es nicht geklappt, dann lassen wir es in Zukunft lieber“, durch das sich so viele Verkäufer entmutigen lassen, gilt nicht immer: Erinnern Sie sich noch an Ihren ersten Kuss? Mal ehrlich, war der wirklich so sensationell? Bei vielen sicher nicht – und haben wir es dann gelassen? Nein – und das ist genau die richtige Einstellung: „Shit happens – ich küsse weiter!“

Verborgene Goldnuggets entdecken

Ein weiterer Blockadepunkt ist: Viele Verkäufer meinen, der Erfolg stelle sich so ein, wie Caesar es in drei Worte fasste: Veni, vidi, vici – ich kam, ich sah, ich siegte. Diese Sicht kann zur Frustration führen. Denn Telefonverkauf ist Arbeit, und erfolgreicher Telefonverkauf ist harte Arbeit und erfordert Mut, Geduld und Ausdauer.

Wir haben dazu ein Bild geschaffen, das uns hilft, ein Tal der Tränen, das auch bei uns vorkommt, aufrechten Hauptes durchschreiten zu können. Es ist das Bild eines Goldgräbers, eines „Diggers".

Der Digger hat sich einen Claim abgesteckt. Nun beginnt er an einer Stelle zu graben, aber am ersten Tag hat er keinen Erfolg. Hört er nun auf? Nein, sicher nicht! Am nächsten Tag beginnt er, an einer anderen Stelle zu graben und… wieder kein Erfolg. Wirft er nun Hacke und Schaufel weg? Nein! Vielleicht schürft er den ersten Nugget erst am vierten oder fünften Tag. Wichtig für seinen Erfolg ist, dass er dran bleibt, nicht aufgibt, weitermacht. Marie Curie entdeckte das Radium bei einem ihrer misslungenen Experimente. Thomas Alva Edison kannte 1 800 Methoden, wie man eine Glühbirne *nicht* konstruiert. Unser Digger denkt ebenso: „Jeder Versuch, der misslungen ist, zeigt mir auf, welchen Weg ich nicht mehr weiterzugehen brauche."

Ein Anruf ohne Goldnugget – oder ohne Verkaufserfolg – ist kein Misserfolgstag, sondern ein Anruf mit dem Ergebnis: „Nun weiß ich, dass ich diesen Kunden nicht gewinnen kann – zumindest nicht heute." Und dann ran an den nächsten Kunden und flugs die nächste Nummer gewählt!

Diese Einstellung muss unsere Vorstellung prägen: „Hurra, ein Nein – aber wir haben unseren Job ordentlich gemacht." Die Neins sind der Dreck, den Sie bewegen müssen, um an die Jas zu kommen. Also: Bewerten Sie Ihre Erfolge:

- … nicht nur nach den Ergebnissen, also nach der Anzahl der gefundenen Nuggets oder der Abschlüsse.

- … nach den Handlungen und nach den Aktivitäten – mithin auch nach der Anzahl der erfolgten Anrufe.

Unser Digger sagt sich am Ende des Tages: „Heute habe ich zwar keine Nuggets gefunden, aber auf dem Weg zum Erfolg jede Menge Dreck weggeschaufelt. Ich kann noch nicht sagen, wann es so weit ist, aber heute bin ich dem Goldfund ein gutes Stück näher gekommen!“ *Auf dem Weg zu den Goldnuggets schaufelt der Digger jede Menge Dreck weg.*

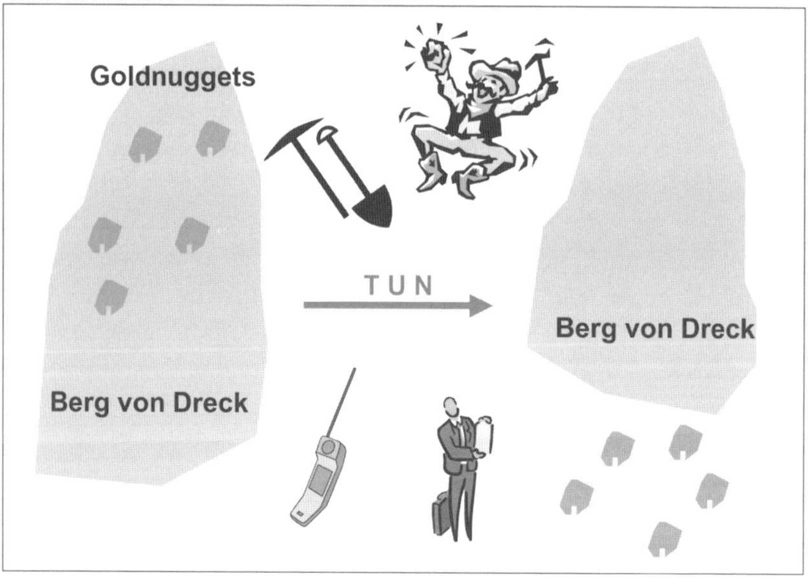

▶ **Praxis-Tipp: Finden Sie die Goldnuggets – mit Fleiß und Ausdauer**

- Leiten Sie Ihre Verkaufserfolge nicht nur aus den Ergebnissen ab. Auch Ihre Handlungen sind Erfolge.
- Wenn Sie akquirieren, arbeiten Sie nicht nur einfach eine Telefonliste ab, sondern stellen zudem Ihre Ausdauer, Ihren Fleiß, Ihre Geduld, Ihren Ehrgeiz und Ihre

Hartnäckigkeit unter Beweis. Und das sind die Grundeigenschaften eines erfolgreichen Telefonverkäufers.
- Jeder Kunde, den Sie von Ihrer Liste als „Nicht-Interessent" streichen können, bedeutet einen Schritt in Richtung auf Ihren „Goldnugget". Wer so denkt, beweist Durchsetzungsvermögen gegenüber dem „inneren Schweinehund", der suggeriert: „Gib auf, es bringt doch nichts!"
- Sagen Sie „Danke" zu jedem Nein des Kunden. Ein Produkt, das sich von allein verkauft, braucht keine Verkäufer. Mit jedem Nein kommen Sie etwas näher an das nächste Ja heran.

Lassen Sie sich nicht herunterziehen

Wir müssen es bei jedem Seminar feststellen: Eine der größten Blockaden selbst bei relativ erfolgreichen Verkäufern entsteht durch die Beeinflussung durch andere Verkäufer und deren Negativprogramme. In der Seminarpause erzählt ein Teilnehmer, was gerade bei ihm alles nicht läuft. Der nächste toppt die Geschichte, dann sind die Teilnehmer schnell beim Untergang des Verkäuferlandes insgesamt angelangt.

Lassen Sie sich durch die Reden der Kollegen nicht herunterziehen. In jeder Berufsgruppe gibt es sie – die Schwarzmaler und ewigen Pessimisten, die immer nur das halbleere Glas Wasser sehen und betonen, wie schwierig, unverkäuflich und deprimierend alles ist. Wir möchten nicht ins andere Extrem verfallen und Sie auffordern, die rosarote Brille aufzusetzen. Das wäre genauso falsch und schädlich. Schätzen Sie die Situation möglichst realistisch ein – und lassen Sie sich von dem Depri-Virus der miesepetrigen Zeitgenossen nicht anstecken. Denn wer glaubt, wir verkauften im Jammertal, kann Kunden nicht überzeugen, begeistern, motivieren. Wir halten es hier mit Martin Luther, dem der Ausspruch zugeschrieben wird: „Aus einem verzagten Arsch kommt kein fröhlicher Furz."

Praxis-Tipp: Jammern füllt keine Kammern

- Orientieren Sie sich an den Kollegen, die gerne von ihren Erfolgen sprechen und Misserfolge als Resultate auf dem Weg zum Ziel interpretieren.
- Suchen Sie bewusst nach Ihren Stärken und Erfolgen. Sprechen Sie über Ihre Erfolge.
- Sorgen Sie im Umgang mit Kollegen für ein Klima, in dem Erfolge gerne gefeiert werden.

Führen Sie eine Erfolgskonferenz mit sich selbst durch

Es gibt so viele unsinnige und unnötige Meetings und Tagungen, so dass es endlich an der Zeit ist, eine Konferenz anzuberaumen, die Sie wirklich weiterbringt. Die einzige Einladung, die Sie verschicken müssen – geht an Sie! Klopfen Sie sich ruhig einmal selbst auf die Schulter, loben Sie sich, anerkennen Sie Ihre Leistungen. Listen Sie Ihre Erfolge auf – am besten schriftlich. Drehen Sie in Ihrem Kopfkino einen Erfolgsfilm, dessen Hauptdarsteller Sie sind. Überreichen Sie sich einen Oskar für Ihr Lebenswerk, für Ihre Erfolge – und denken Sie dabei daran, dass auch die Handlungen zählen, nicht nur die Ergebnisse.

Dann ist es an der Zeit, doch noch einige weitere Konferenzteilnehmer an den Tisch zu bitten. Rufen Sie sich lebhaft die Situationen vor Augen, in denen Sie von Kunden, Vorgesetzten und Kollegen gelobt wurden.

Kreieren Sie Ihr persönliches Glaubensbekenntnis

Die richtige Einstellung ist der Schlüssel zum Erfolg. Nur wer von sich selbst überzeugt ist, kann auch andere überzeugen. Das schaffen Sie mit einem starken „Glaubensbekenntnis“, das Sie entzündet und begeistert und andere mitreißt. Geeignet ist das Bekenntnis zu sich selbst – der Glaube an Ihre Leistungsfähigkeit, der durch Erfolge auf der Handlungs- *und* der Ergebnisebene gerechtfertigt ist.

Ebenso wichtig: Das Glaubensbekenntnis schließt Ihr Unternehmen mit ein, die Dienstleistungen und Produkte, die Sie vertreten. Sicherlich ist es die Aufgabe Ihres Unternehmens, Ihnen die Identifikation mit Firma und Produkten zu ermöglichen. Aber es liegt zugleich in Ihrer Verantwortung, diese Identifikation anzustreben und zu leisten.

▶ **Praxis-Tipp: Fragen Sie sich immer wieder, was Ihre Firma auszeichnet**

- Weshalb sollte der Kunde gerade bei Ihrer Firma kaufen? Ist es die Solidität, der langjährige Markterfolg, die zahlreichen zufriedenen Stammkunden?
- Weshalb sollten die Kunden gerade Ihre Produkte (oder Dienstleistungen) kaufen? Was zeichnet die Produkte aus Sicht des Kunden aus?
- Was hat der Kunde davon, wenn er bei Ihnen kauft?

Bei der Erfolgskonferenz mit sich selbst haben Sie Ihre Kunden noch virtuell an den Konferenztisch gebeten. Jetzt aber sprechen Sie wirklich mit ihnen: Denn wer kann Ihnen einleuchtender erklären, warum es lohnt, bei Ihnen zu kaufen, als der Kunde? Fragen Sie doch einfach Ihre Kunden: „Danke, dass Sie bei uns kaufen. Weshalb eigentlich haben Sie sich für uns entschieden?" Eine mutige Frage? Nicht wirklich, denn der Kunde, der gerade bei Ihnen abgeschlossen hat, ist in der Regel voller Zuversicht und sicher geneigt, Ihnen seine Beweggründe mitzuteilen. Das Risiko einer negativen Antwort ist damit relativ gering.

Überwinden Sie Ihre Angst vorm Telefonieren

Kennen Sie die Situation? Es liegt eine Liste vor Ihnen. Es ist die Adressliste, die von Ihnen abzutelefonieren ist. Nun geht Ihr banger Blick darüber, der Blick nach dem geheimen Schlüssel zum Erfolg. Welcher Name, welche Adresse verspricht die Eintrittskarte zum „Ja"? Von irrationalen Ratgebern geleitet, springen Sie von einem Kundennamen zum anderen: „Wo ist der Erfolgsbringer, bei wem rufe ich besser nicht an, weil ich mir sowieso eine Absage einhandle?" Kurz: „Angst essen Seele auf"!

Wie können Sie die Angst überwinden? Es gibt nur einen Königsweg: den Sprung ins kalte Wasser. Nur dann, wenn Sie loslegen und anrufen, erfahren Sie, ob es sich bei einem Kunden um ein Nugget handelt oder nicht. Und wenn nicht – Sie wissen schon.

Versucht man vor einer Angst davonzulaufen, dann wird sie größer. So groß sogar, dass sie einen wieder einfängt. Also gehen Sie auf die Aufgabe zu, die vor Ihnen liegt. Stellen Sie sich vor, was eigentlich schlimmstenfalls passieren würde, wenn der Kunde Sie ablehnt – oder auch gleich mehrere Kunden. Ginge die Welt unter? Würden Sie am Hungertuch nagen? Geriete der Arbeitsplatz in Gefahr? Häufig ergibt die Beschäftigung mit diesen Fragen: Die Folgen sind halb so schlimm wie die, die Sie sich in Ihrem fiktiven Katastrophenfilm ausgemalt haben.

Machen Sie sich klar: Keinen Auftrag und keinen Termin haben Sie schon! Das ist das Schöne beim Verkauf: Es kann nicht schlechter werden. Denn Sie starten bei Null. Sie setzen etwas Zeit ein. Sie können in dieser Zeit mit Menschen sprechen, Menschen kennen lernen – und es kann dabei etwas Positives herauskommen.

▶ **Praxis-Tipp: Besiegen Sie Ihre Angst**

- Überwinden Sie Ihre Angst, indem Sie handeln und etwas für Ihren Verkaufserfolg tun.
- Dabei unterstützt Sie das folgende Hilfsprogramm: Erlauben Sie sich, dass die ersten zehn Telefonate in die

Binsen gehen dürfen. Ja, richtig gelesen, treten Sie die ersten zehn Gespräche ruhig in die Tonne. Denn das entlastet Sie vom Erfolgsdruck, der Sie vielleicht hindert, Ihre Potenziale voll auszuschöpfen
- Die paradoxe Intervention lehrt Sie, das Nein einfach zuzulassen und zu akzeptieren, dass es zum Telefonverkauf dazugehört wie das Amen in die Kirche.
- Ein konstruktiver Umgang mit Ängsten besteht in der aktiven Angstkonfrontation – Sie können sich nicht von etwas lösen, indem Sie es vermeiden, sondern Sie müssen sich ihm stellen. Also ran ans Telefon!

Telefonieren Sie mit Menschen – nicht nur mit Kunden

Bevor Sie in Ihren Telefonaten zum eigentlichen Thema vordringen, hat Ihr Gesprächspartner bereits entschieden, ob er grundsätzlich das Gespräch mit Ihnen fortführen oder beenden möchte. Auch am Telefon entscheiden die ersten Sekunden über den Fortgang des Gesprächs. Für die „positive" Gestaltung dieser so wichtigen ersten Sekunden und des ersten Eindrucks gibt es keine Techniken oder Instrumente. Es sei denn, Sie wollen die Vorgehensweise, ganz Sie selbst zu sein, als „Technik" bezeichnen.

Wir bevorzugen eine andere Terminologie – in unserer Einleitung klang es bereits an: Bitte gehen Sie als Mensch in das Telefonat – und damit so natürlich und sympathisch wie möglich. Stellen Sie sich vor, dass am anderen Ende der Leitung gleichfalls ein sympathischer Mensch sitzt, und versuchen Sie, diese Person als Mensch für sich einzunehmen. Liebe geht durch den Magen – und der erfolgreiche Verkauf am Telefon über den Menschen. Haben Sie den Menschen für sich gewonnen, dann ist er auch geneigt, Ihnen zuzuhören und sich Zeit für Sie zu nehmen.

Sie fragen, ob das geht? Sehr wohl geht das! Stellen Sie sich vor, Sie würden mit Ihrer Angebetenen oder Ihrem Angebetenen telefonieren: Wie würden Sie mit ihm oder ihr sprechen? Was würden Sie dabei (nonverbal) in die Waagschale werfen?

Damit keine Missverständnisse aufkommen: Es geht nicht um die Gesprächsthemen und die Wortwahl – wir hoffen, Sie sprechen mit Ihrem Partner über andere Themen als mit Ihren Kunden. Es geht um den Zugang zum Gesprächspartner, es geht darum, nicht mit einem Kunden zu sprechen, sondern mit einem Menschen – oder mit dem Menschen im Kunden. Denn dass sich das Gespräch doch noch zu einem Kundengespräch entwickeln soll, steht außer Frage.

Der Kommunikationswissenschaftler Paul Watzlawick führt aus, dass wir Menschen immer auf zwei Ebenen gleichzeitig kommunizieren. Dabei definiert die Beziehungsebene die Qualität der Kommunikation, auch auf der Inhaltsebene. Dies bedeutet: Ihr Gesprächspartner versteht das, was Sie inhaltlich – zu Ihren Produkten und Ihren Dienstleistungen – sagen, erst dann so, wie Sie es meinen, wenn er Sie mag oder wertschätzt. Allerdings: Damit er Sie mögen kann, müssen Sie als Erstes ihn wertschätzen.

Wir möchten dazu ein Bibelwort zitieren: „Liebe Deinen Nächsten wie Dich selbst“. Für uns hat dieses Zitat zwei sehr wertvolle Aspekte. Der eine ist offensichtlich: dass man den anderen mögen soll. Der andere ist nicht so leicht zu entdecken: Das Bibelwort heißt für uns, dass „ich“ den Anderen nur so stark lieben kann, wie „ich“ mich selbst liebe. Selbstliebe und Fremdliebe oder Selbstakzeptanz und Akzeptanz des anderen Menschen bedingen sich gegenseitig. Das heißt: Sie müssen sich selbst wertschätzen und sich Ihrer selbst bewusst sein – nicht überheblich, sondern in aller Bescheidenheit –, bevor Sie den Menschen, mit dem Sie telefonieren, mögen können.

Fazit

- Zur mentalen Vorbereitung auf ein Telefonat gehört es, sich von hemmenden Blockaden und Negativprogrammen zu befreien.

- Entdecken Sie Ihre individuellen Blockaden und nutzen Sie die Tipps, um sich ins Positivprogramm einzuklinken.
- Erarbeiten Sie sich die richtige Einstellung zum Gesprächspartner: Telefonieren Sie mit Menschen, nicht mit Kunden. Oder mit Kunden, in denen Sie vor allem den Menschen sehen.
- Freuen Sie sich vor dem Kundentelefonat auf die Begegnung mit einem interessanten Menschen.
- Sie können andere Menschen – und damit die Kunden – nur wertschätzen, wenn Sie sich selbst mögen.

Test: Sind Sie mental optimal aufs Telefonieren vorbereitet?

	Ja	Nein
• Sie sehen Ihre Tätigkeit eher als Berufung denn als Beruf.	❑	❑
• Zu Ihrem Beruf haben Sie ein positives Verhältnis entwickelt.	❑	❑
• Sie freuen sich auf jedes Kundengespräch am Telefon.	❑	❑
• Sie mögen Ihre Gesprächspartner und sind gespannt, welche interessante Persönlichkeit Ihnen am Telefon begegnet.	❑	❑
• Sie nehmen die Herausforderung der telefonischen Akquisition begeistert an.	❑	❑
• Sie wissen: Jeder Ihrer Kunden profitiert von jedem Ihrer Anrufe.	❑	❑
• Sie loben oder belohnen sich für gelungene Telefonate.	❑	❑
• Einwände oder Ablehnung des Kunden nehmen Sie nicht persönlich. Sie wissen: Ein Einwand gibt Ihnen Hinweise, an welcher Stelle noch nachgearbeitet werden muss.	❑	❑
• Sie halten sich geistig und körperlich fit, weil Sie wissen: Aufmerksame und aktive Verkäufer wirken überzeugender.	❑	❑

Fazit: Bei drei „Neins“ oder mehr setzen Sie bitte sofort den Punkt „Selbstmotivation“ auf die Agenda Ihrer Weiterbildungsaktivitäten.

So bereiten Sie sich organisatorisch vor: Selbstorganisation und Arbeitsmethodik

2

Bereiten Sie sich organisatorisch auf das Telefonat vor

Die Verwirklichung großer Ziele scheitert häufig an Kleinigkeiten und Selbstverständlichkeiten. Lassen Sie uns also damit beginnen.

Alles beginnt am Kopf

Bei der mentalen Vorbereitung beginnt alles *im* Kopf – bei der organisatorischen *am* Kopf: Wenn wir in Firmen tätig sind, wundern wir uns immer wieder darüber, dass viele Telefonverkäufer immer noch in alter Maier mit dem „Hörknochen" am Ohr arbeiten. Eine wichtige Voraussetzung dafür, dass Sie entspannt und effektiv telefonieren, ist jedoch, dass Sie Ihre Hände frei haben. Also:

> **Praxis-Tipp: Telefonieren Sie mit einem Headset** Ein Headset macht den Weg frei für andere Aktivitäten:
> - Sie können aufstehen und Ihre Körpersprache einsetzen.
> - Sie können – im wahrsten Sinne des Wortes – andere Standpunkte einnehmen, indem Sie aufstehen und ein paar Schritte gehen.

L. Stempfle, R. Zartmann, *Aktiv verkaufen am Telefon*,
DOI 10.1007/978-3-658-02990-6_2,

Sie kennen sicher das Phänomen: Sie haben den Hörer aufgelegt – und dann überfällt Sie die zündende Idee, und Sie klagen: „Wäre mir das doch nur im Gespräch eingefallen!“ Jetzt ist es zu spät. Was ist die Ursache? Warum kommt Ihnen die rettende Idee nicht während des Telefonats?

Unsere Erklärung: Wenn Sie sich im Telefonat nicht bewegen oder gar verkrampfen, besteht die Gefahr, dass es an Reizen fehlt, welche Assoziationen auslösen könnten. Ihnen fällt nichts mehr ein. Ihr Gehirn ist mit anderen Dingen beschäftigt und hat keine Kapazitäten frei, um andere Reize zu verarbeiten. Lösen Sie sich aber von der bindenden Nabelschnur, also dem Telefonkabel, dann gerät etwas in Bewegung – Ihr Körper und Ihr Geist.

Natürlich kommt hinzu, dass Sie durch das Headset eine entspannte und damit die Wirbelsäule schonende Haltung einnehmen können. Und Sie haben beide Hände zum Arbeiten frei und können in Akten und Papieren kramen oder Eingaben am Computer vornehmen.

Alles endet in den Fingerspitzen

Ach ja, die Eingabe im Computer. Wir empfehlen in unseren Seminaren, dass sich Verkäufer während des Telefonats Notizen machen. Dieser Empfehlung wird sehr häufig brav gefolgt. Dann liegt ein Blatt Papier neben dem Telefon, und der Verkäufer macht sich seine Notizen. Nach dem Gespräch werden die handschriftlichen Notizen in den Computer übertragen. Ist das nicht schön, wie in der vorindustrialisierten Zeit?

Oft genug kann der Verkäufer seine Handschrift nicht mehr entziffern – der Kunde wird mit einer falschen Adressangabe erfasst. Ein Fehler mit gravierenden Konsequenzen – der Kunde geht im Adress-Nirwana verloren. Warum handeln die meisten Verkäufer so? Die Antwort ist so verblüffend wie einfach: Sie sind nicht in der Lage, mit zehn Fingern zu schreiben. Oder sie tragen eben kein Headset und haben ohnehin nur eine Hand frei.

▶ **Praxis-Tipp: Ab in den Schreibmaschinenkurs**

- Was nutzt es Ihnen, wenn Sie die modernsten Verkaufs- und Gesprächstechniken beherrschen – jedoch nicht zehnfinger-blind schreiben können?! Also ab in den Schreibmaschinenkurs! Erinnern Sie sich noch an die Schreibsäle mit all den Damen, die ihre Texte „blind" in die Schreibmaschine eintippen und sich nebenher noch etwas unterhalten?
- Zum effektiven Telefonieren gehört das professionelle Schreibsystem, das spart eine Menge Zeit – Zeit für mehr Telefonate. Und mehr Telefonkontakte bedeuten zumeist mehr Abschlüsse.

Das Prinzip „Schriftlichkeit"

Wenn wir Telefonverkäufer nach ihren Zielen befragen, erhalten wir zumeist die Antwort: „Das ist natürlich vor allem der Abschluss." Allerdings: Wenn wir die Gespräche, die aufgezeichnet wurden, auswerten, stellen wir fest, dass der Abschluss zumeist nicht gesucht wurde. Vielmehr wurde informiert und überwiegend beraten. In der Fußballsprache heißt das: Der Drang zum Tor hat gefehlt.

Die Ursache ist: Viele Verkäufer verlieren während des Gesprächs ihr Ziel aus den Augen. Und darum lautet unsere dringende Empfehlung:

▶ **Praxis-Tipp: Notieren Sie sich Ihr Gesprächsziel** Halten Sie das Gesprächsziel schriftlich fest, zum Beispiel auf einem Zettel, den Sie deutlich sichtbar an Ihren PC-Bildschirm kleben. Die meisten Menschen sind visuelle

Wahrnehmungstypen, und darum hilft es, das Prinzip „Schriftlichkeit" zu verwirklichen – Sie können Ihr Ziel dabei ruhig in einem Bild festhalten.

„Was ich zum Kunden sage, fällt mir schon noch ein, wenn ich ihn erst einmal an der Strippe habe". Dies hat in einem Training ein Teilnehmer doch allen Ernstes geäußert. Zu diesem Schluss kommt vielleicht derjenige, der täglich telefoniert und bei dem sich eine Routine in der Vorgehensweise und Argumentation entwickelt hat. Oder derjenige, der ein Telefon-Genie ist und ohne alle Vorbereitung Abschlussrekorde einfährt.

Allen anderen empfehlen wir: Bereiten Sie ein Gesprächsskript vor. Denn wenn wir uns einen Text aufschreiben, achten wir automatisch sorgfältiger auf unsere Formulierungen, wir wählen unsere Worte mit Bedacht aus. Wir formulieren genauer – und das kommt uns beim Telefonieren zugute. Das korrekt gesprochene Wort ist beim Telefonieren eben viel wichtiger als in der persönlichen Begegnung, bei der ein grammatikalisch falscher Satz oder ein „Äh" nicht so ins Gewicht fällt. Der Verkäufer, der genau weiß, was er sagt, und sich bewusst ist, welche Wirkungen er damit erzielt, ist zumeist erfolgreicher als derjenige, der in der Hoffnung lostelefoniert, die richtigen Worte zur richtigen Zeit zu finden. Zudem verleiht ein Skript Sicherheit.

▶ **Praxis-Tipp: Nutzen Sie Ihr Telefonskript professionell**

- Vorsicht! Mit einem Skript zu arbeiten, darf nicht bedeuten, dem Kunden einen Text vorzulesen! Bitte sprechen Sie frei.
- Sie müssen Ihr Skript verinnerlichen. Denn wenn Sie wissen, was Sie sagen, können Sie sich darauf konzentrieren, *wie* Sie es sagen. Und Sie können sich auf das

konzentrieren, was der Kunde sagt, „zwischen den Zeilen lesen" und registrieren, wie er auf Sie und Ihre Aussagen reagiert.
- Dokumentieren Sie alle Informationen, die Sie im Gespräch erhalten, schriftlich. Dazu sind hervorragende CRM-Systeme entwickelt worden.

Telefonieren Sie mit Rhythmus im Blut

Zum und beim Telefonieren brauchen Sie den richtigen Rhythmus. Diesen Rhythmus erlangen Sie, indem Sie wie am Schnürchen aufgereiht ein Telefonat nach dem anderen führen. Und damit Sie dies schaffen, sollten Sie die dazu notwendigen Arbeitsschritte deutlich voneinander trennen. Bereiten Sie einige Gespräche entsprechend vor und telefonieren Sie die Kundenadressen von oben nach unten ab. Wie beim Sport werden Sie gedanklich warm und können die Herausforderungen, die der Gesprächspartner an Sie stellt, annehmen und in Ihrem Sinn lösen.

Während des Telefonierens schalten Sie sämtliche Störungsquellen aus, die zu Unterbrechungen führen könnten. Jede Unterbrechung bedeutet, dass Sie wieder „abkühlen" und aus dem Takt und den Rhythmus kommen. Und wiederum warmlaufen – das ist eine ungeheure Energieverschwendung.

Telefonverkauf fordert den ganzen Menschen, die ganze Energie und Konzentration. Das strengt an. Ihre individuelle Arbeitsweise sollten Sie in der Weise planen, dass Sie bewusst Pausen eintakten. Jedoch bitte nicht zu lange. Denn ansonsten besteht die Gefahr, dass Sie den roten Faden verlieren und aus dem Rhythmus kommen.

Sich zu erfrischen und zu erholen heißt ja nicht, auf Null herunterfahren, um dann wieder hochfahren zu müssen. Planen Sie zehn, allerhöchstens 15 Pauseminuten ein. Verlassen hierzu den Arbeitsplatz, bewegen Sie sich ein wenig und pausen Sie sich aktiv fit.

▶ **Praxis-Tipp: Legen Sie Pausen ein** Nutzen Sie die Pause, um sich Ihre Erfolgserlebnisse bewusst zu machen. Es gibt nichts Schöneres, als sich in der Pause zu erholen – und Erfolge zu feiern.

Machen Sie die richtigen Gesprächspartner ausfindig: die Adressverwaltung

Die Taktgeber für Ihren Rhythmus sind die Adressen Ihrer Kunden. Wenn Sie eine neue Firma gewinnen wollen, stellen Sie sich wahrscheinlich zunächst die Frage, an wen Sie sich wenden sollen. „Eigentlich" möchte man ja den Entscheider sprechen – und im Telefonat hört sich das ungefähr so an: „Wer ist denn bei Ihnen zuständig für …?" Und dann wundern Sie sich wirklich, dass Sie an irgendeinen Sachbearbeiter geraten! Aber kehrt man die Treppe nicht von oben nach unten? Also: Frisch gewagt und nach oben gestreckt.

Ran an die Entscheider

Steigen Sie möglichst weit oben ein. Wenn es Ihnen gelingt, mit einem Entscheider zu telefonieren, der Ihnen rät, mit einem seiner Mitarbeiter zu sprechen, haben Sie gute Karten. „Ich rufe, an, weil Herr Müller *(und das ist der Vorgesetzte des Angerufenen!)* mir Ihren Namen genannt hat" – wir möchten den Mitarbeiter sehen, der sich Ihr Anliegen jetzt nicht zumindest anhört.

Das Problem: Die Namen der Entscheider lassen sich oft nicht so einfach feststellen. Wenn es sich um mittelständische Unternehmen handelt, finden Sie im Internet oftmals entsprechende Hinweise und häufig schon die Namen der Geschäftsführer.

Gehen wir aber davon aus, dass Sie weder über einen Adressverlag noch über das Internet Namen ausfindig machen können. Dann bleibt Ihnen nur das Telefon – herzlichen Glückwunsch! Ihr Weg führt Sie unweigerlich über die Zentrale. Die Damen und Herren dort nehmen Sie bitte wichtig – behandeln Sie jeden Menschen, mit dem Sie auf dem Weg zum Entscheider in Kontakt kommen, so, als wäre es Ihr wichtigster Ansprechpartner.

Häufig sind die Mitarbeiter in der Zentrale sehr schnell und verbinden Sie, ohne dass Sie den Namen des gewünschten Gesprächspartners erfragen konnten. Und dann wissen Sie nicht, was und vor allem wer auf Sie zukommt. Und darum sollten Sie so vorgehen:

▶ **Praxis-Tipp: Dringen Sie zum Entscheider durch**

- Sagen Sie dem Mitarbeiter in der Zentrale, dass Sie dem Verantwortlichen, mit dem Sie Kontakt haben wollen, erst einmal schriftliche Unterlagen zusenden wollen.
- Bitten Sie den Mitarbeiter in der Zentrale um Hilfe, fragen Sie ihn nach dem Namen Ihres Ansprechpartners, indem Sie die Position beschreiben, mit der Sie Kontakt haben wollen: „Wie heißt denn Ihr Einkaufsleiter?"
- Dann fragen Sie nach dem Vornamen – das macht sich auf dem Anschreiben besser.
- Als Nächstes fragen Sie nach der Durchwahlnummer. Falls Sie wollen, können Sie nun unmittelbar die Bitte äußern, mit Ihrem Wunschpartner verbunden zu werden.
- Ansonsten verabschieden Sie sich recht freundlich und bedanken sich für die sympathische Unterstützung.
- Übrigens: Den Vor- und Nachnamen in Erfahrung zu bringen, hilft Ihnen besonders dann, falls Sie mit

der Assistentin in Kontakt treten. „Bitte verbinden Sie mich mit Herrn Ralf Maurer" – das klingt so, als hätten Sie bereits eine persönliche Beziehung zu dem Ansprechpartner.

Ziehen Sie die Sekretärin Ihres Kunden auf Ihre Seite

Wer die Entscheider erreichen möchte, muss zumeist vorher die Sekretärin – Leserinnen mögen entschuldigen: Meistens sind es Sekretärinnen, keine Sekretäre – überzeugen.

Eine wichtige Frage in vielen Seminaren lautet: „Wie komme ich an der Assistenz vorbei oder wie übergehe ich sie?" Die Fragestellung an sich ist schon bezeichnend. Denn wenn ich an jemandem vorbeikommen will, habe ich die Person schon per se als Gegner definiert. Die Assistenz wird wie der Höllenhund Zerberus gesehen, der in der griechischen Mythologie dafür verantwortlich ist, dass die Toten nicht mehr über den Styx zurück in die Welt der Lebenden zurückkehren.

Wenn Sie so denken, wird sich diese Einstellung in Ihrem Auftreten und in Ihren Worten am Telefon spiegeln. Und dann wundern Sie sich bitte nicht, wenn es aus dem Wald so heraushallt, wie Sie hineinrufen, und die Assistenz Sie unwirsch behandelt und abkanzelt. Warum sollte sie jemanden unterstützen, der sie offensichtlich als Stolperstein auf dem Weg zum Ziel betrachtet, als notwendiges Übel?

Assistentinnen haben oftmals die Aufgabe, die Spreu vom Weizen zu trennen, Interessantes von Uninteressantem zu unterscheiden und dem Chef so den Rücken frei zu halten. Das heißt: Die Assistentin ist eine Person von höchster Bedeutung für uns; verdeutlichen Sie sich, welche Macht sie hat. Noch wichtiger ist: Ziehen Sie daraus die richtigen Schlüsse. Es geht nicht darum, die Sekretärin zu umgehen. Vielmehr sollten Sie versuchen, sie auf Ihre Seite zu ziehen, sie zu Ihrer Verbündeten zu machen.

▶ **Praxis-Tipp: Nehmen Sie die Assistenz für sich ein**

- Nehmen Sie die Assistentin ebenso wichtig wie Ihren gewünschten Ansprechpartner.
- Bitten Sie sie ganz offen um Unterstützung: „Ich hoffe, Sie können mir weiterhelfen. Wie ist Ihre Einschätzung? Ist das Thema XYZ, das den folgenden Nutzen für Ihr Unternehmen hat, für Sie bzw. Ihren Chef und Ihre Firma von Bedeutung? … Ja? Können Sie mich dann bitte zu ihm durchstellen?"

Definieren Sie Ihre Ziele

Wir möchten Sie nun bitten, eine Abstraktionsebene höher zu klettern. Bisher ging es vor allem um die operative Vorbereitung – jetzt ist Ihre Strategiekompetenz gefragt: Dabei ist es wichtig, dass Sie Ihre Ziele kennen und sie klar formulieren können. Sie müssen wissen, wohin Ihr Schiff reisen soll.

Ihre Ziele sollen in jedem Fall herausfordernd sein. Unterfordern Sie sich bitte nicht. Denn Ziele haben eine begrenzende Komponente. Am besten ist dies in Richard Bachs Roman „Die Möwe Jonathan" ausgedrückt: „Glaube an Grenzen und sie gehören Dir". Wer sich unterfordert, wird nie zu der Spitze aufsteigen. Hinzu kommt: Bitte gehen Sie konsequent mit sich und Ihren Zielen um. Noch einmal: Formulieren Sie Ihre Ziele schriftlich, denn 0,3 % der Bevölkerung haben klare Ziele – allerdings nur im Kopf und nicht aufgeschrieben!

Nun ruft so mancher von Ihnen aus: „Das ist doch ein alter Hut, klar, wir müssen uns Ziele setzen!“ Gestatten Sie die Frage: „Warum scheitert die Umsetzung dann so häufig?“ Wir antworten: weil die richtigen Ziele häufig falsch formuliert sind.

Zieldefinition – Schritt 1: Visualisieren Sie Ihre Ziele

Oft wird behauptet, man müsse nur wollen, dann klappe es auch. Das ist grober Unfug! Denn wie viele Menschen gehen zum Beispiel in die Fahrprüfung und wollen unbedingt die Prüfung bestehen. Klappt es allein durch das Wollen? Die Durchfallquoten sprechen eine andere Sprache.

Und wie oft lagen Sie schon wach im Bett und wollten unbedingt schlafen? Hat es etwa geklappt? Nein, selbst nach Stunden nicht – obwohl Sie immer mehr schlafen wollten.

Was steckt da dahinter? Dazu müssen wir die Arbeitsweise unseres Hirns verstehen. Der Wille ist die sprachliche Form und ist deshalb der digital arbeitenden rechten Hirnseite zuzuordnen. Wenn allerdings Kraft und Energie freigesetzt werden sollen, dann müssen wir eine Vorstellung von dem Ergebnis bekommen. Hirnforschungen belegen zudem, dass dieselben Hirnregionen angesprochen werden, wenn wir einerseits in die Vergangenheit und andererseits in die Zukunft denken. Kann unser Gehirn bei der Bewertung von Gedanken nicht zwischen Vergangenheit und Zukunft unterscheiden?

Vorstellungen sind Bilder. Mit Bildern sind Gefühle und Emotionen verbunden. An diese Gefühle sind Motive, unsere Antriebe gekoppelt. Wenn Sie sich also über Ihre Zielsetzungen motivieren wollen, dann sollten Sie sich eine klare Vorstellung von dem Ziel bilden:

- Der erste Schritt besteht mithin darin, dass Sie Ihr Ziel oder Ihre Ziele eindeutig festlegen und sich den gewünschten Soll-Zustand, in dem Sie sich nach Erreichen eines Ziels befinden, in einem Bild vorstellen.
- Schmücken Sie Ihre geistigen Bilder, Ihre geistigen Filme mit zahlreichen visuellen Eindrücken aus, in denen es farbig und bunt zugeht, riechen Sie die Bilder, schmecken Sie sie, hören Sie das, was auf den Bildern vorgeht, „fassen" Sie Ihre geistigen Bilder an.
- Die Vorstellungen, die dabei entstehen, laden Sie mit positiven Gefühlen auf – so können Sie sich voll und ganz mit Ihrem Vorhaben identifizieren und Freude und Begeisterung im Zusammenhang mit Ihrem Ziel bewirken.

Schritt 2: Geben Sie Ihrem Ziel eine FORM

Prüfen Sie die Form Ihrer Gedanken. Kommen in Ihrer Formulierung Wenns und Abers oder Wörter wie „eigentlich" und „vielleicht" vor? Wimmelt es in der Formulierung an Konjunktiven: „hätte, würde, könnte"? Dann haben Sie sich wahrscheinlich bereits jetzt innerlich von dem Ziel verabschiedet:

- Formulieren Sie Ihre Ziele in der Verlaufs- und Gegenwartsform: „Ich überzeuge den Kunden!"
- Vermeiden Sie also bloße Absichtserklärungen.

Schritt 3: Verwenden Sie positive Zielformulierungen

Viele Menschen wissen, was sie nicht wollen – jedoch nicht, was sie wollen. Im Alltag findet sich dieses Muster immer wieder, etwa auf

Schildern wie „Rasen nicht betreten" – und gleich daneben befindet sich der Trampelpfad, über den alle marschieren. Versuchen Sie es einmal selbst: Schließen Sie die Augen und denken Sie nicht an einen rosaroten Elefanten. Und, haben Sie ihn auch gesehen? Natürlich, denn unser Hirn kann Bilder nicht negativ denken. Das „Nicht" wird ausgepiepst wie bei Filmen, in denen bestimmte Begriffe nicht gehört werden sollen. Der negative Satz kommt also ganz anders an, als er gemeint ist, nämlich: „Rasen (piep) betreten!"

- Das Unterbewusste kann mit sprachlichen Verneinungen nichts anfangen, so dass Sie sie vermeiden sollten. Das Ziel „Ich denke *nicht* daran, dass das Kundengespräch schief gehen könnte" führt dazu, dass Sie ab sofort nur noch an misslungene Telefonate denken.
- Verwenden Sie bei der Zielsetzung immer positive Formulierungen.

▶ **Praxis-Tipp: Formulieren Sie Ziele überzeugend**

- Kleiden Sie Ihre Ziele in motivierende Bilder (Visualisierung).
- Emotionalisieren Sie Ihre Ziele.
- Formulieren Sie die Ziele in der Gegenwartsform.
- Formulieren Sie die Ziele positiv (Verneinungen vermeiden).

Nutzen Sie Kundentypologien, um die richtige Gesprächsstrategie auszuwählen

Als Profi am Telefon wissen Sie, dass jeder Ihrer Gesprächspartner anders ist und anders reagiert. Die gute Nachricht: Die Unterschiede lassen sich feststellen. Und damit können wir unsere Gesprächspartner am Telefon besser greifen: Wir können sie strukturiert und gezielt, jeden nach ihrer eigener Art (Eigenart) überzeugen. Denn was den einen überzeugt, schreckt den anderen ab. Geben Sie jedem das, was er braucht.

Die Voraussetzung ist, die Gesprächspartner treffsicher einzuschätzen. Diese Einschätzung soll dazu noch einfach und praktikabel sein. Dies gelingt, wenn Sie genau hin- und zuhören, was Ihr Gesprächspartner sagt, und eine Analyse vornehmen.

Analysieren Sie Ihren Gesprächspartner

1. Anfangs wirkt diese Person

freundlich und offen	direkt und zielstrebig	zurückhaltend und eher kühl
❑	❑	❑

2. Wenn diese Person spricht, spricht sie

ruhig und freundlich	als wolle sie das Gespräch bestimmen	sehr sachlich
❑	❑	❑

3. Wenn diese Person zuhört,

unterbricht sie Sie nicht und reagiert auf das Gesagte	unterbricht sie Sie sehr schnell	unterbricht sie Sie nicht und fragt nach Einzelheiten
❑	❑	❑

4. Wenn diese Person Fragen stellt,

sind dies Fragen zu Stabilität und Kooperation	geht es um Ergebnisse und persönliche Anerkennung	geht es um sachliche Informationen
❑	❑	❑

5. Wenn diese Person mit Ungewöhnlichem konfrontiert wird,

wirkt sie überfordert	zeigt sie Interesse	zieht sie sich zurück und benötigt zusätzlich Informationen
❑	❑	❑

6. Diese Person zeigt Interesse, indem sie

offener wird und mehr Informationen weitergibt	Wörter wie „Toll", „Klasse", „Spitze" gebraucht	nach Details und weiteren Informationen fragt
❑	❑	❑

7. Der Redefluss ist geprägt von

Höflichkeit. Bei Pausen des Gesprächspartners füllt sie diese Pausen	kurzen, knappen Sätzen	formellem Umgang. Sie wartet bei Pausen auf die Initiative anderer
❑	❑	❑

8. Diese Person antwortet auf Fragen

die gestellt wurden und die nicht gestellt wurden	kurz und bündig	sachlich und eher detailliert
❑	❑	❑

Auswertung:					
Typ 1		**Typ 2**		**Typ 3**	

Test: Sind Sie organisatorisch optimal aufs Telefonieren vorbereitet?

	Ja	Nein
• Sie verfügen über eine Gesprächsstrategie, die aus Ihren Zielen abgeleitet ist.	❑	❑
• Sie telefonieren grundsätzlich mit einem Gesprächsleitfaden und/oder Skript.	❑	❑
• Sie arbeiten mit einer Kundentypologie, die es Ihnen trotzdem erlaubt, auf den Einzelfall individuell zu reagieren.	❑	❑
• Sie behandeln die Assistenz des gewünschten Gesprächspartners mit Achtung und Respekt.	❑	❑
• Sie beachten das Prinzip der Schriftlichkeit.	❑	❑
• Sie telefonieren an einem ruhigen Platz mit guten Rahmenbedingungen.	❑	❑
• Für Sie ist Ihre geordnete Adressdatei einer der Schlüssel zum Erfolg.	❑	❑

Stellen Sie bei jedem Ihrer Kunden fest, wo Sie die meisten Kreuze gemacht haben. So gewinnen Sie eine klare Vorstellung darüber, mit welchem Telefontypus Sie es zu tun haben.

Interpretieren Sie die Ergebnisse

Stellen Sie fest, welche Erwartungen und Wünsche Ihre Gesprächspartner an Sie und Ihre Präsentation richten:

Verhaltensmerkmale	Typ 1	Typ 2	Typ 3
Ziele dieser Person	Sicherheit, Harmonie und Stabilität – er will anderen helfen	Schnelle Ergebnisse, Kontrolle haben	Genauigkeit, logisches Vorgehen und Ordnung
Befürchtungen/Ängste dieser Person	Bei anderen Personen nicht gut dazustehen, Verlust der Beziehung	Verlust der Kontrolle, der herausgestellten Position	Plötzliche, unerwartete Veränderungen, Verlust der Berechenbarkeit (Planbarkeit)
Die Art und Weise der Kommunikation	Geduldig, bescheiden, vorhersagbar, kooperativ	Begeistert, spontan, entschlussfreudig, sich selbst darstellend	Genau/detailliert, gewissenhaft, zurückhaltend/beherrscht
Hilfestellung zur Entscheidungsfindung	Der Kunde will wissen, wer dieses Produkt/diese Dienstleistung noch verwendet (Referenzen) und was diese Personen darüber sagen	Der Kunde will wissen, was dieses Produkt/diese Dienstleistung für ihn persönlich bewirkt bzw. wie es ihn (z. B. in seinem Ansehen) Weiterbringt	Der Kunde will wissen, weshalb dieses Produkt/diese Dienstleistung gut ist: Beweise über Daten, Fakten, schriftliche Testimonials
Verkaufsidee und Vorgehensweise für Sie	Betonen Sie, inwiefern dieses Produkt auch andere (in der Umgebung des Kunden) ansprechen und anderen gefallen wird	Betonen Sie Ergebnisse/Gewinne, die damit erzielt werden können, bieten Sie eine Variante zur Auswahl	Betonen Sie die belegbaren Fakten, geben Sie umfangreiche Informationen und beantworten Sie alle Einwände

Kommunizieren Sie angemessen mit Ihrem Gesprächspartner

Nun haben Sie eine Grundlage, wie Sie mit dem jeweiligen Kundentypus am Telefon kommunizieren und umgehen sollten. Wir empfehlen folgendes Vorgehen:

	Typ 1	Typ 2	Typ 3
Planung: Konzentrieren Sie sich auf…	Produkte und Dienstleistungen, die die Zustimmung und Anerkennung der anderen steigern werden	Ergebnisse oder Lösungen, zu denen Ihr Produkt oder Ihre Dienstleistungen führen werden	Leistungsnachweise für Ihr Produkt und Ihre Dienstleistungen, indem Sie erzielte Erfolge betonen
Einstieg	Bauen Sie persönliche Beziehungen auf. Seien Sie zwanglos, leger und nicht zu schnell.	Kommen Sie schnell zum Thema, nutzen Sie die Zeit.	Überrollen Sie Ihren Gesprächspartner nicht, bleiben Sie formal und geben Sie ihm etwas Zeit.
Interaktion	Senden Sie Beziehungssignale aus. Beantworten Sie die „Wer hat es noch"-Fragen.	Zeigen Sie Enthusiasmus. Beantworten Sie die „Was bringt es"- Fragen.	Bleiben Sie beim Geschäftlichen. Beantworten Sie die „Weshalb"-Fragen.
Stimme anpassen	Sprechen Sie in gemäßigtem Tempo. Seien Sie freundlich und herzlich.	Sprechen Sie zügig. Zeigen Sie Enthusiasmus und drücken Sie Ihre Begeisterung aus.	Sprechen Sie als Schnellsprecher deutlich langsamer. Reduzieren Sie Beziehungsgespräche.

	Typ 1	Typ 2	Typ 3
Auf Einwände eingehen	Zeigen Sie Einfühlungsvermögen. Sprechen Sie über die Zufriedenheit anderer Kunden.	Akzeptieren Sie die Unverblümtheit Ihres Gesprächspartners. Liefern Sie Beispiele für erzielte Ergebnisse.	Liefern Sie umfangreiche Informationen. Achten Sie auf eine logische Beweisführung.
Zum Geschäftsabschluss kommen	Zeigen Sie sich optimistisch. Ermutigen Sie Ihren Gesprächspartner, in Aktion zu treten, um seine Vorstellungen zu realisieren.	Nennen Sie die Optionen. Machen Sie deutlich, dass die Entscheidung bei ihm liegt. Stellen Sie den persönlichen Nutzen heraus, der durch die Entscheidung erfolgt.	Bieten Sie Ihrem Gesprächspartner Fakten und Alternativen. Liefern Sie ihm Zahlen, Daten und Fakten für seine Entscheidung
Nachbetreuung/ Service: Was Ihr Kunde erwartet	Sichern Sie Ihrem Gesprächspartner Ihre persönliche Aufmerksamkeit zu, um Stabilität zu gewährleisten.	Reagieren Sie schnell, seien Sie effizient. Überraschen Sie Ihren Gesprächspartner durch Lieferungen, die früher als vereinbart erfolgen.	Sichern Sie Ihrem Gesprächspartner Ihre absolute Zuverlässigkeit zu.

Passen Sie Ihre Gesprächsführung und Nutzenargumente den individuellen Bedürfnissen und der Persönlichkeit des Gesprächspartners an. Schaffen Sie für jeden der drei Typen das Gesprächsumfeld, in dem er sich wohl fühlt. So fällt es ihm leicht, seine Entscheidung für Ihr Angebot zu treffen.

Bleiben Sie flexibel

Das routinehafte Denken in Schubladen und festgefügten Denkbahnen ist der natürliche Feind jeder Flexibilität. Eine Gesprächsstrategie – und ist sie noch so stringent – birgt die Gefahr, dass Sie nicht mehr darauf eingehen können, wenn sich ein Kunde anders verhält, als Sie es vermutet haben, und das Gespräch anders verläuft als gedacht.

Der Königsweg besteht darin, Routinen dort zu nutzen, wo es notwendig ist, und zugleich zielorientierten Weitblick zu beweisen. Voraussetzung ist, dass Sie ständig die Kundenreaktionen beobachten und das Kunden-Feedback analysieren, um auf Rahmenbedingungen, die sich ändern, rechtzeitig reagieren zu können: „Oh, es handelt sich also doch nicht um Typ 1– ich muss rasch umdenken!" Sinnvoll ist es zudem, die Gesprächsstrategien regelmäßig zu hinterfragen: Ist angesichts der derzeitigen Situation eine Anpassung oder Änderung der Gesprächsstrategie notwendig?

Das ist nicht leicht, denn die Arbeit des Telefonverkäufers besteht nun einmal zu einem Großteil darin, wieder und immer wieder Kunden mit immer derselben Aufgabenstellung anzurufen. Trotzdem müssen Sie den routinierten und ewig gleichen Sing-sang bei der Begrüßung des Gesprächspartners vermeiden und jedes Gespräch als einzigartiges Unikat definieren und flexibel genug sein, von Ihren Gesprächsleitfäden abzuweichen und individuell auf den Kunden einzugehen – das einsatzlose Herunterrasseln des Gesprächsleitfadens ohne jedes persönliche Engagement ist der Tod eines jeden Kundenkontakts.

Fazit

- „Wer nicht weiß, in welchen Hafen er segeln will, für den ist kein Wind der richtige“ (Seneca). Ziele sind die Wegweiser zum Erfolg – formulieren Sie Ihre Ziele so, dass sie positive Umsetzungsenergie freisetzen.
- Nutzen Sie die Kundentypologie, um individuelle und kundenspezifische Gesprächsstrategien und Gesprächsleitfäden für Ihre Telefonate festzulegen – bleiben Sie dabei flexibel.
- Beachten Sie, dass Ihr Erfolg auch von „Kleinigkeiten abhängt“. Vernachlässigen Sie die organisatorische Vorbereitung nicht!

Fazit: Bei drei „Neins“ oder mehr müssen Sie arbeitsmethodische Verbesserungen in Gang setzen.

Exkurs 1 Der rhetorische Handwerkskasten und die kommunikative Kompetenz

Exkurs – das ist eine „Erörterung in Form einer Abschweifung“. Eine Abschweifung, ausgerechnet bei einem der wichtigsten Themen für den Telefonverkäufer? Ihre kommunikativen Fähigkeiten, Ihre überzeugende Stimme, Wörter und Worte als Vehikel Ihres Anliegens, sprachliche Brillanz, rhetorisches Geschick – ist all dies nicht untrennbar mit Ihrer Arbeit verbunden?

Der Grund, warum wir hier einen Exkurs einbauen – und dies an anderen Stellen wiederholen werden – ist ein einfacher: Riesige Bibliothekswände ließen sich mit Büchern, Aufsätzen und Artikeln füllen, in denen es um Rhetorik und Kommunikation geht. Wir wollen es vermeiden, in diese Masse eingereiht zu werden. Und haben uns deswegen entschlossen, hier nur die aus unserer Sicht allerwichtigsten Infos zum Thema zu präsentieren. Denn wahrscheinlich werden

Sie schon einiges dazu wissen. Und darum bieten wir Ihnen einen kleinen, überschaubaren, aber dennoch feinen Handwerkskasten mit kommunikativen und rhetorischen Instrumenten an, die fürs Telefonieren unverzichtbar sind.

Ihre Stimmung entscheidet

Wer nun glaubt, wir würden zuallererst über Sprechtempo, Stimmstärke und Stimmlage referieren, den müssen wir enttäuschen. Denn Sie können Ihre kommunikativen und rhetorischen Instrumente nur dann im Sinne des Kunden und eines erfolgreichen Telefongesprächs einsetzen, wenn es Ihnen gelingt, „Stimmung" zu transportieren, und zwar eine gute. Der Mensch ist nun einmal nicht nur mit Verstand geschlagen, sondern ebenso ein Gefühlswesen. Und dass Kaufentscheidungen zumeist über den Bauch getroffen werden, also emotionale Entscheidungen darstellen, ist unstrittig. Wir begründen sie zwar oft rational, aber erst im Nachhinein.

Die Macht der Stimmung ist in jüngster Vergangenheit eindrucksvoll belegt worden: „Babyboom nach der Fußball-Weltmeisterschaft – Euphorie schlug sich auf Liebesleben nieder". So titelten die Zeitungen knapp neun Monate nach dem Sommermärchen und Fußballfest 2006, dessen Folgen sich ganz unmittelbar in Deutschlands Kreißsälen zeigten. Mediziner bringen die Sache auf den Punkt: Die Einstellung des eigenen Körpers und die Rolle der Hormone werden oft unterschätzt. Wer eine positive Grundstimmung hat, wird auch einfacher schwanger. Lassen Sie uns daraus einige Schlussfolgerungen ziehen:

Wer von einer positiven Grundstimmung beseelt ist, verkauft besser, weil die Stimmung die Stimme prägt und der Ton die Musik macht.

Der „beseelte" Telefonverkäufer ist in der Lage, auf der Beziehungsebene entscheidend zu punkten und ein vertrauensvolles Verhältnis zum Kunden aufzubauen. Als Beziehungsmanager versetzt er, der sich selbst in einem guten Zustand befindet, den Gesprächspartner ebenfalls in einen guten Zustand. Und „gute Beziehung" wiederum heißt „guter und leichter(er) Verkauf" heißt „Kundennutzen erhöhen" heißt „gute Beziehung" heißt … – jetzt setzt sich ein positiver Kreislauf in Gang.

▶ **Praxis-Tipp: Mit Stimme Stimmung erzeugen** Rufen Sie Ihren Partner an. Melden Sie sich mit brummiger Stimme und antworten Sie miesepetrig, kurz und schnippisch. Das machen Sie so lange, bis Ihr Partner ebenso schlecht gelaunt reagiert. – Hat es geklappt? Gratulation: Sie haben allein mit Ihrer Stimme Stimmung übertragen; und wenn es in die eine Richtung funktioniert, dann klappt das auch umgekehrt!

Tipps für Stimmungs- und Stimmarbeiter

Es heißt oft: Der Telefonverkäufer ist zurückgeworfen auf seine Stimme. Wir sagen: Er ist zurückgeworfen auf seine Stimmung. Und für Ihre Stimmung gibt es einen Hauptverantwortlichen – nämlich Sie. Unter dieser Prämisse verstehen Sie bitte den folgenden kommunikativ-rhetorischen Handwerkskasten.

Entspannen Sie Ihre Stimmbänder

Freude und Aufregung, Erschöpfung oder Angst – alles spiegelt sich in der Stimme wider. Bei Erregung beispielsweise wird die Stimme meistens höher, dünner und schriller – und bei Entspannung dunkler und weicher. Entspannte Stimmbänder vibrieren so, dass der

Klang der Stimme als angenehm empfunden wird, ganz gleich, ob es sich um eine hohe oder tiefe Stimmlage handelt.

Setzen Sie sich bitte bequem hin und summen Sie einen Ton. Nun bewegen Sie diesen Ton in gleichbleibender Lautstärke die Tonleiter hinauf und hinunter, ganz sacht. Überprüfen Sie dabei, welche Tonhöhe für Ihren Körper am angenehmsten ist.

Der Ton verursacht in Ihnen unterschiedliche Resonanzen, wie der Körper einer Geige bei jedem Ton auf andere Weise vibriert. Sie werden feststellen, dass derjenige Ton für Sie am angenehmsten ist, der Ihrer Sprechstimme im entspannten Zustand entspricht oder aber ein wenig tiefer liegt. Dies kann für Sie Ihr Leitton werden. Summen Sie diesen Ton in nächster Zeit jeden Tag, immer wieder einmal, morgens vor dem Spiegel, im Auto an der Ampel. Mit der Zeit wird Ihre Stimme sonorer.

Übungen zur Stimmentwicklung

Vokal-Stimm-Übungen helfen Ihnen, die Stimme zu vertiefen:

- Atmen Sie ruhig ein und sprechen Sie langsam und betont: *bing – beng – bang – bong – böng – bung – büng* in einem Atemzug aus. Ästhetisch gutes Sprechen baut auf der Reinheit der Vokale auf. Die Zungenspitze gehört bei allen Vokalen an die Unterzähne.
- Bewegen Sie beim Sprechen energisch Lippen und Mund, insbesondere bei i, j, ch, s, u, ü, sch.
- Der Klang Ihrer Stimme soll im „Brustregister" liegen. Zur Kontrolle der Brustresonanz legen Sie die Hand auf den Brustkorb. Benutzen Sie die Worte „*Alles ist aus!*" Sprechen Sie den Satz mehrmals laut und prüfen Sie, ob die Resonanz im Kopf oder in der Brust entsteht.
- Achten Sie darauf, dass Ihre Stimme einen „weichen Einsatz" hat. Sie erreichen dies, indem Sie vor das erste Wort einen „gedachten" H-Laut setzen.

Halten Sie Ihre Stimme flexibel

Automatisch machen Sie es sowieso: Je nach Stimmung sprechen Sie lauter oder leiser, werden spitzer oder weicher in Ihrer Ausdrucksform, reden langsamer oder schneller. Das tun Sie in der Regel unbewusst und häufig passend zum Inhalt Ihrer Sätze.

Hin und wieder stellen Sie aber – zum Beispiel, wenn Sie im Fernsehen Reden verfolgen – fest, dass etwas nicht „stimmt". Da klingen freundliche Worte „verstimmt", da hört sich ein angeblich herzliches Willkommen nach einer „Miss-Stimmung" an. Achten Sie darum darauf, dass Ihre Stimme mit Ihrer Botschaft „übereinstimmt". Dabei werden Sie flexibler, und Ihre Sprache klingt – bei gleicher Wortwahl – wesentlich lebendiger.

Übungen zur Flexibilisierung der Stimme

- Sagen Sie einmal *„lalala"* – zuerst fröhlich, dann melancholisch. Sagen Sie es jetzt aufgeregt, dann neugierig – jetzt nervös und am Schluss lässig. Hören Sie, welche Botschaften Ihre Stimme transportieren kann, ganz für sich allein?
- Sagen Sie: *„Mach das Licht aus!"* Sprechen Sie diesen Satz erst ärgerlich, dann bissig, dann heiter und schließlich flehend. Nehmen Sie die Worte auf Tonband auf, um zu prüfen, wie andere sie hören.
- Überlegen Sie, mit welcher Stimme Sie Ihrem Gesprächspartner am Telefon welche Stimmung vermitteln wollen, um Ihre Botschaft adäquat zu unterstützen.

Schulen Sie Ihr Ausdrucksvermögen

Lesen Sie laut und mit bestmöglichem Ausdruck Zeitungsartikel oder Buchabschnitte. Wenn Ihnen jemand zuhört, können Sie zugleich üben, den Blickkontakt herzustellen. Trainieren Sie die Fähigkeit, Wörter vorauszulesen und sie dann, vom Text aufblickend, frei wiederzugeben.

Bemühen Sie sich – ohne Zuhörer – im Flüsterton die Konsonanten gut zu artikulieren. Sie trainieren auf diese Weise Lippen, Zunge und Kiefer besser als beim Lautsprechen, das auch die Vokale ausformt. Die im Flüsterton geschärften Sprechwerkzeuge müssen sich jetzt im schnellen, lauten Gebrauch bewähren. Lesen Sie schnellstmöglich bei korrekter Artikulation aller Laute – ohne Publikum natürlich.

Trainieren Sie Ihren Atem

Trainieren Sie sich auch darin, richtig zu atmen – denn dies ist die Voraussetzung, um richtig sprechen zu können. Richtig atmen heißt bauchatmen, auch Zwerchfellatmung genannt: Beim Einatmen wölbt sich der Bauch. Üben Sie die Bauchatmung zuerst im Liegen. Legen Sie ein Buch auf den Leib und lassen Sie es steigen und sinken. Dem Ausatmen folgt eine Pause. Üben Sie anschließend im Gehen: drei Schritte einatmen, drei Schritte ausatmen, drei Schritte Pause. Erhöhen Sie allmählich die Schrittzahl und verlangsamen Sie den Rhythmus. Üben Sie zuletzt im Stehen. Passen Sie dabei auf, dass sich Bein- und Bauchmuskulatur nicht verkrampfen.

Die Magie Ihrer Sprache

Manchmal erscheint die Welt ungerecht. Der eine redet sich den Mund fusselig – ohne Erfolg. Einem anderen hingegen wird das gleiche Produkt aus den Händen gerissen. Vielleicht liegt es an der Verpackung? In Ihrem Fall besteht die Verpackung aus Ihren Wörtern und Worten. Von zentraler Bedeutung ist dabei die gesprochene Sprache. Sie ist das Gewand, in das wir unsere Botschaften kleiden. Die Wirkung der Worte wird oft unterschätzt. Auch weil viele glauben: Wer schlagkräftige Argumente hat, muss sich um ein wirkungsvolles Sprechen nicht scheren. Eine Illusion!

Wecken Sie positive Assoziationen

Bei guten Telefonverkäufern fällt auf: Ihnen ist bewusst, dass jede Aussage, sogar jedes Wort, bei ihren Gesprächspartnern Assoziationen und damit Bilder hervorruft – positive oder negative. Also wählen Sie ihre Worte so, dass sie die gewünschte Wirkung erzielen.

Ein Beispiel: Zwei Verkäufer möchten per Telefon etwas verkaufen. Verkäufer A beginnt das Gespräch so: „Guten Tag, Herr Kunde! Ich störe Sie nur ungern, denn ich weiß, wie viel Sie zu tun haben. Aber wenn Sie mir etwas Zeit opfern würden, stelle ich Ihnen unser neues Produkt vor. Es wird nicht zu Ihrem Nachteil sein."

Welche Assoziationen lösen diese Sätze beim Kunden aus?

1. Der Verkäufer weiß nun, dass er mich stört.
2. Es ist ihm jedoch egal (darauf deutet sein „aber" hin).
3. Er bittet mich um ein Almosen („Zeit opfern").
4. Er sagt, was er tun will (mir ein Produkt aufschwatzen), aber nicht, warum ich das zulassen soll.
5. Er ist offensichtlich unsicher, ob ich mitspiele („würden").
6. Es könnten mir dadurch Nachteile erwachsen.

Begeistert eine solche Gesprächseröffnung Kunden? Begeistert sie Sie? Wohl kaum – denn der Verkäufer liefert unbewusst die Schlüsselwörter mit, damit der Zuhörer innerlich auf Distanz gehen kann. Verkäufer B hingegen wählt folgende Gesprächseröffnung: „Guten Tag, Herr Kunde. Ich weiß: Ihre Zeit ist kostbar. Genau deshalb möchte ich Sie kurz über das neue Produkt AB informieren, das Ihnen hilft … Haben Sie jetzt drei Minuten Zeit dafür?"

Was löst Verkäufer B beim Kunden aus?

7. Der Verkäufer weiß, dass meine Zeit wertvoll ist.
8. Aus diesem Grund („deshalb“) bietet er mir ein Produkt an, von dem er glaubt, dass es Nutzen bringen kann.
9. Ich profitiere davon („hilft Ihnen“).
10. Er wird auch zeitlich konkret

Erzielt Verkäufer B mit dieser Eröffnung einen Verkaufsabschluss? Wer weiß. Zumindest stellt er sich nicht selbst schon beim Start ein Bein, indem er bei seinem Gegenüber Widerspruch provoziert – wie dies dem Kollegen A mit Leichtigkeit gelingt.

Be- und verzaubern Sie mit Ihrer Sprache

Welche Worte wecken welche Assoziationen? Auf diese Frage gibt es keine eindeutige Antwort. Denn dazu sind die Menschen, ihre Wertsysteme und Erfahrungen zu verschieden. Folglich kann ein und dasselbe Wort unterschiedliche Assoziationen auslösen – etwa das Wort „Sonne“: Der eine denkt an die wärmenden Sonnenstrahlen, wenn er es hört. Der andere an den schmerzenden Sonnenbrand im letzten Badeurlaub. Es gibt aber gewisse Grundregeln. So sollte die Sprache so klar sein wie ein Gebirgssee und so eindeutig wie ein Kassenbon. Denn was mehrdeutig ist, provoziert Widerspruch und bringt einen dem Ziel nicht näher.

▶ **Praxis-Tipp: Sprechen Sie konkret**

- Statt verklausuliert zu sagen: „Bei dieser Lösung überwiegen die Vorteile“, legen Sie offen dar: „Diese Lösung hat das Manko, dass … Dieses wird durch folgende Vorteile mehr als aufgehoben: Erstens: … Zweitens: … Drittens …“

- Streichen Sie Wörter wie „man" und „jemand" aus Ihrem Wortschatz, denn sie werfen mehr Fragen auf als sie beantworten. Vermeiden Sie zudem Wörter wie „nie", „jeder", „alle" und „immer" – sie enthalten eine Verallgemeinerung und provozieren Widerspruch.

Wenn Sie auf diese Weise Ihren Wortschatz entrümpeln, können Sie viele Situationen, in denen Sie bisher Widerspruch geerntet haben, mit Erfolg meistern. Und eventuell sogar Kunden begeistern – zumindest, wenn Sie Ihr Sprachrepertoire um „Magic Words" bereichern. Das sind magische Schlüsselwörter, die in den Köpfen der Menschen schillernde Bilder und tolle Gefühle entstehen lassen – und sie so zum Zustimmen und Mitmachen verleiten.

Wie die magischen Wörter wirken, zeigt ein Beispiel. Mit der nüchternen Aussage: „Ich erläutere Ihnen nun unsere Vorteile. In vielen Bereichen kommen Sie damit weiter, so dass ich positiv gestimmt bin, Sie überzeugen zu können", werden Sie keine Begeisterungsstürme entfachen. Schon eher, wenn Sie sagen: „Im täglich harten Einsatz überzeugt Sie unser Produkt mit seiner Einfachheit und Zuverlässigkeit. Ihre Mitarbeiter werden sich darum reißen. Schließlich steigern Sie damit den Ertrag, und damit den Firmenerfolg."

Sie sehen: Ein und derselbe Aussagekern, unterschiedlich präsentiert, erzielt unterschiedliche Wirkungen. Der Schlüssel zum Erfolg liegt in der Kraft der Assoziationen, die Sie durch die magischen Wörter wecken. Diese Schlüsselwörter sind Teil der Alltagssprache. Leider werden sie zu selten benutzt – wohl weil vielen ihre Wirkung nicht bewusst ist. Das lässt sich ändern.

▶ **Praxis-Tipp: Finden Sie Ihre magischen Wörter**

- Durchforsten Sie Ihren Wortschatz nach zündenden Wörtern und erstellen Sie Ihre persönliche Liste mit magischen Wörtern.

- Ausgangspunkt ist *Ihre* Begeisterung: Durch welche magischen Wörter lassen Sie sich entzünden? (Bei uns sind es zum Beispiel: Gipfel, glanzvoll, lebendig, strahlend, zart. Im beruflichen Bereich: bedarfsorientiert, ertragssteigernd, einfach, konkurrenzlos, lösungsorientiert, nutzbringend, zukunftssicher.)

Fragen Sie, fragen Sie, fragen Sie …

Wissen Sie, dass der Durchschnittsmensch 125 bis 150 Wörter pro Minute spricht, jedoch in der gleichen Zeit 500 bis 600 Wörter denken kann? Je länger Sie also während eines Verkaufsgespräches reden, desto mehr Zeit hat der Kunde, über Einwände nachzudenken. Stellen Sie ihm dagegen die richtigen Fragen und hören genau auf seine Antwort, dann liefert *er Ihnen* die besten Kaufargumente. Und darum ist für uns die Frage die effektivste und zugleich eleganteste Form der Gesprächsführung – auch und gerade am Telefon. Denn so signalisieren Sie Ihrem Gesprächspartner, dass Ihnen an seiner Meinung gelegen ist und Sie Wert darauf legen, seine Welt und seine Argumente kennen zu lernen.

Daneben erhalten Sie Informationen, lenken das Gespräch und entwickeln es, animieren den Gesprächspartner zum Weiterreden und motivieren ihn.

Kleiner Leitfaden zur frageorientierten Dialogführung

- Bitten Sie Ihren Kunden zu Beginn eines Gespräches um die Erlaubnis, ihm einige Fragen stellen zu dürfen.
- Beginnen Sie mit allgemein gehaltenen, unverfänglichen und offenen Fragen, die für den Kunden keine unangenehmen Themen

berühren. Erst später, wenn der Kunde Ihnen bereits vertraut, können Sie auch privatere Fragen zu – zum Beispiel – seiner finanziellen Situation stellen. Wenn Sie um eine besonders heikle Frage nicht umhin kommen, dann erklären Sie dem Kunden genau, warum Sie diese Frage stellen müssen.

- Achten Sie darauf, dass Ihre Fragen harmonisch ineinander übergehen. Das ist dann der Fall, wenn sich Ihre Fragen auf die Antworten des Kunden beziehen. Am besten gelingt Ihnen dies, wenn Sie Schlüsselwörter aus den Antworten des Kunden in Ihren weiteren Fragen verwenden. Dadurch ergibt sich ein ganz natürliches Gespräch.
- Stellen Sie immer nur eine Frage und geben Sie dem Kunden ausreichend Zeit, über Ihre Frage nachzudenken und zu antworten. Wenn Sie mehrere Fragen hintereinander stellen, so verwirren Sie Ihren Kunden nur.
- Verzichten Sie auf Vorausinformationen über die von Ihnen bevorzugte Antwort oder Wertungen in Ihren Fragen. Der Kunde sollte möglichst unbeeinflusst antworten können. Nur dann erhalten Sie echte und wertvolle Informationen.
- Formulieren Sie Ihre Fragen kurz, präzise und verständlich. Ist eine Frage zu lang, behält der Kunde sie nicht vollständig und kann sie deshalb auch nicht richtig beantworten. Vermeiden Sie Begriffe, die der Kunde möglicherweise nicht kennt. Vermeiden Sie ebenso Begriffe, die beim Kunden negative Assoziationen hervorrufen können. Mit diesen Assoziationen sind Gefühle verbunden. Lösen Sie unangenehme Gefühle aus, dann wird sich Ihr Kunde schon frühzeitig gegen Sie entscheiden.
- Wählen Sie nur unkomplizierte und eingliedrige Fragen. Mehrgliedrige Fragen erfordern zwei verschiedene Antworten und bringen deshalb den Kunden in Argumentationsnöte. Machen Sie besser zwei Fragen daraus.

- Sprechen Sie Ihre Fragen langsam, laut und deutlich. Nur dann gibt sich der Gesprächspartner auch Mühe, sie zu Ihrer Zufriedenheit zu beantworten. Der Kunde spürt, wenn Sie in Gedanken abschweifen, nicht richtig zuhören und womöglich schon bei der nächsten Frage sind.
- Vermeiden Sie den Fragenmarathon. Achten Sie darauf, dass im Laufe des Gespräches die Redebeiträge des Kunden überwiegen und Ihr Frageanteil abnimmt. Das Verhältnis sollte in etwa 60 zu 40 betragen.

Die „Zwillinge": Fragen und Zuhören

Die richtigen Fragen in der richtigen Reihenfolge zu stellen ist eine wichtige Fertigkeit eines erfolgreichen Telefonverkäufers. Die dazu gehörende Schwesterntugend ist das aktive Zuhören. Aus Michael Endes Buch „Momo" stammt das aufschlussreiche Zitat: „Momo konnte so zuhören, dass dummen Leuten plötzlich sehr gescheite Gedanken kamen. Nicht etwa, weil sie etwas sagte oder fragte, was den anderen auf solche Gedanken brachte, nein, sie saß nur da und hörte einfach zu, mit aller Aufmerksamkeit und aller Anteilnahme." Leider ist dies eine Fertigkeit, die vielen Verkäufern aus Ungeduld oder anderen Gründen zu fehlen scheint – leider.

Jede Frageform führt sich selbst ad absurdum, wenn Sie nicht in der Lage sind, Ihren Kunden in Ruhe antworten und ihn ausreden zu lassen. Fragekompetenz und Zuhörkompetenz am Telefon gehören zusammen wie Zwillinge.

Praxis-Tipp: Hören Sie aktiv zu

- Geben Sie Rückmeldungen: Beschreiben Sie mit Ihren eigenen Worten, wie Sie die Äußerungen des Kunden verstanden haben: „Sie meinen also, dass …" oder

„Heißt das, dass Sie ...?" und „Verstehe ich Sie richtig, wenn ich vermute ...?" Nun folgt das, was Sie glauben, verstanden zu haben. Teilen Sie eine Wahrnehmung als Wahrnehmung mit, eine Vermutung als Vermutung, ein Gefühl als Gefühl – und zwar jeweils direkt nach Empfang der Botschaft. Weist der Kunde Ihre Interpretation zurück und formuliert dann seine Meinung noch einmal anders, so überprüfen Sie wieder anhand von Fragen, ob Sie ihn jetzt richtig verstanden haben.

- Zeigen Sie Ihr Interesse – durch körpersprachliche Signale wie Blickkontakt und zustimmendes Kopfnicken sowie durch kurze Bemerkungen wie: „Ich verstehe" und „Das ist genau richtig."
- Fassen Sie die wesentlichen Kundenaussagen mit Ihren eigenen Worten zusammen: „Sie haben gerade gesagt, dass unsere hochpreisigen Produkte deutlich über dem Schnitt liegen. Darf ich Ihnen dazu kurz erläutern ..."
- Achten Sie auf versteckte Aussagen: In Verkaufsgesprächen verstecken Kunden häufig emotionale Aspekte hinter rationalen Aussagen. Wenn Sie dann auf der Sachebene argumentieren, ohne auf die Gefühle des Kunden einzugehen, verlieren Sie den Kontakt. Am deutlichsten können Sie am Tonfall des Kunden erkennen, ob und wie stark Emotionen mitschwingen. Wenn er etwa sagt: „Warum kommen Ihre Lieferungen immer verspätet?", dann erwartet er weniger eine sachliche Begründung, sondern will seinem Unmut Luft machen. Reagieren Sie nicht mit langatmigen Erklärungen, sondern drücken Sie Ihr Bedauern aus und suchen Sie nach einer Lösung für das Problem.

Das „Wie" ist entscheidend

Was eine Person inhaltlich sagt, spielt eine untergeordnete Rolle, wenn es darum geht, Menschen zu begeistern. Viel wichtiger ist, wie sie es sagt und welche emotionale Beziehung sie zu dem Gesprächspartner aufbaut.

Die Redefiguren als rhetorische Instrumente aus der klassischen Rhetorik werden zumeist als das „Salz in der Suppe" bezeichnet. Ebenso wie bei den Magic Words ist es sinnvoll, wenn Sie überlegen, mit Hilfe welcher Bilder und bildhafter Vergleiche Sie Ihre Worte würzen und Ihre Gedanken veranschaulichen. Ziel ist, dem Menschen am anderen Ende der Leitung das Gesagte über gedankliche Vorstellungen und Bilder zugänglicher und verständlicher zu machen. Ihre Sprache gewinnt an Anschaulichkeit, wenn Sie

- Beispiele verwenden, die Sie dem Erfahrungshintergrund Ihres Gesprächspartners entnehmen.
- mit Sprichwörtern verdeutlichen, was Sie sagen wollen. Sie überzeugen dadurch, dass Sprichwörter von allen akzeptiert werden.
- Ihre Aussagen mit Zitaten garnieren. Ein Zitat verwenden Sie immer, wenn Sie eine höhere Instanz als Beleg Ihrer eigenen Argumentation einsetzen wollen.
- Abwechslung in Ihre Aussagen bringen. Verwenden Sie Gegensatzpaare wie „Vorteil – Nachteil" und „einerseits – andererseits" und Formulierungen wie „Früher sind wir alle davon ausgegangen, dass … Heute wissen wir hingegen …"
- Fremdwörter vermeiden und sich der Sprach- und Vorstellungswelt des Kunden anpassen.
- Zahlen oder Größenangaben vermeiden – also nicht: „Wenn Sie diese Versicherung abschließen, sparen Sie im Vergleich zum Konkurrenzprodukt 5 Prozent", sondern: „Mit dem ersparten Geld können Sie nach einiger Zeit für Ihre Tochter eine schöne CD kaufen".

Der authentische Telefonverkäufer

Die Verwendung rhetorischer Stilmittel darf nie zum Selbstzweck verkommen. Wichtiger ist es, dass Sie als redlicher, wahrhaftiger und glaubwürdiger Gesprächspartner wahrgenommen werden.

Als große Rhetoriker gelten charismatische Menschen, deren Aussagen nicht unbedingt perfekt formuliert sind, bei denen wir jedoch spüren, dass dort ein Mensch den Dialog mit uns sucht. Wir wollen spüren, dass sich der Gesprächspartner in Übereinstimmung mit dem befindet, was er sagt, dass es ihm weniger auf die bis ins letzte rhetorische Detail durchgestylte Formulierung ankommt, er vielmehr mit Anteilnahme und Elan über sein Thema spricht. Auch wenn man nicht mit dem übereinstimmte, *was* er sagte: Wenn der Politiker Herbert Wehner ans Rednerpult trat und seine wenig durchgestylten Stakkato-Sätze ins Mikrofon hetzte, herrschte angespannte Stille und größte Aufmerksamkeit.

Das Gleiche galt für die Sozialpolitikerin Regine Hildebrandt, die dadurch zu überzeugen wusste, dass sie voll und ganz hinter dem stand, was sie überschäumend äußerte. Nicht jeder Satz wurde grammatikalisch korrekt zu Ende geführt, auch schlich sich das eine oder andere „Äh" oder ein Versprecher ein. Aber sie kam authentisch und überzeugend rüber! Entscheidend ist: Wir nahmen ihr ab, was sie sagte!

Fazit

- Erlernen und beherrschen Sie die kommunikativen und rhetorischen Techniken, die Ihnen wichtig erscheinen.
- Aber: Bleiben Sie in der Redesituation vor allem authentisch, bleiben Sie „Sie selbst" – und damit glaubwürdig und überzeugend. Der Wille zur Authentizität ist wichtiger als die punktgenaue Beachtung rhetorischer Spielregeln.

Teil II
Führen Sie das Gespräch professionell durch: Stellen Sie den Kundennutzen in Mittelpunkt

Die Vorbereitungsphase ist abgeschlossen – jetzt greifen Sie zum Telefonhörer und rufen Ihren Kunden an. Entscheidend sind die ersten Sekunden – hier zeigt sich, ob Sie überhaupt die Chance bekommen, Ihren Gesprächspartner von Ihren Produkten, Dienstleistungen, Problemlösungen und Angeboten zu überzeugen.

Wenn es denn überhaupt einen allgemein verbindlichen Tipp für das Telefonat gibt, dann dieser: Stellen Sie rigoros, eindeutig und ohne Einschränkung den Kundennutzen in den Mittelpunkt. Der KUNDENNUTZEN ist die Klammer, die den zweiten Teil dieses Buches zusammenhält: Sowohl beim Gesprächseinstieg als auch im Kerngespräch und bei der Verabschiedung, also dem Gesprächsabschluss, muss es Ihr Ziel sein, den Kunden von dem Nutzen zu überzeugen, den Sie – und zwar nur Sie – ihm erweisen können.

„Guten Tag, ich möchte Ihnen nutzen“: Der kundenorientierte Gesprächseinstieg

3

Um es vorneweg zu sagen: Bitte seien Sie sich bewusst, dass es nicht die eine beste Gesprächseröffnung am Telefon gibt. Auch wir werden Ihnen nicht die Platinregel nennen können.

Wie beim Schachspiel ist die „Eröffnung“, die Gesprächseröffnung, entscheidend für den weiteren Verlauf des Spiels bzw. des Gespräch mit dem Kunden. Hier werden die Weichen gestellt, oft innerhalb von Sekundenschnelle, vor allem bei der Kaltakquisition. Ein wichtiger Unterschied zum Schachspiel: Sie haben immer die weißen Figuren, wenn Sie den Kunden anrufen, und können die Gesprächseröffnung daher individuell vorbereiten. Allerdings kennen Sie den Gesprächspartner in der Regel nicht oder kaum. Darum wollen wir im Folgenden von der „Königsdisziplin“ ausgehen: Sie rufen den Kunden erstmals an und wissen nur wenig über ihn.

Die Lösung und der Nutzen im Mittelpunkt

Wir vermuten, Sie informieren sich über den Gesprächspartner, indem Sie Kollegen befragen, die ihn vielleicht kennen, im Internet recherchieren oder sich den Geschäftsbericht des Kundenunternehmens besorgen.

Eine Möglichkeit, Ihr Wissen zu erhöhen, besteht darin, sich in die Welt des Kunden zu versetzen. Damit meine ich zunächst einmal nicht einen bestimmten Kunden, etwa den Geschäftsführer Müller.

L. Stempfle, R. Zartmann, *Aktiv verkaufen am Telefon*,
DOI 10.1007/978-3-658-02990-6_3,

Dazu wissen Sie einfach zu wenig über Herrn Müller. Aber fragen Sie sich doch einmal ganz allgemein, warum Kunden kaufen. Unsere Antwort: Kunden kaufen keine Produkte oder Dienstleistungen, sondern Lösungen – Problemlösungen, von denen sie sich einen Nutzen versprechen. Und darum müssen Sie Nutzen bieten. Gleich zu Beginn, gleich bei der Gesprächseröffnung. Der Nutzen ist Ihre wichtigste Figur in diesem „Schachspiel".

Vom Verkäufer zum Nutzenbringer: die allgemeinen Kittelbrenn-Faktoren

Die meisten Menschen sind daran interessiert, Kosten zu reduzieren und Zeit fürs Wesentliche zu gewinnen oder „mehr Geld in der Tasche" zu haben – gleich zu welchem Kundentyp sie gehören. Dies sind die „Kittelbrenn-Faktoren", die von den meisten Geschäfts- und Unternehmenskunden als die bedrängendsten Engpässe erlebt werden. Darum gilt:

► **Praxis-Tipp: Nennen Sie die Kittelbrenn-Faktoren**

- Wenn Sie Ihrem Kunden gleich bei der Gesprächseröffnung glaubhaft versichern, Sie könnten ihn dabei unterstützen, Umsatz und Gewinn zu optimieren und Zeit zu gewinnen, ist die Wahrscheinlichkeit groß, dass er das Telefonat mit Ihnen fortsetzen will.
- Nutzen Sie die allgemeinen Kittelbrenn-Faktoren zur spannenden Gestaltung Ihres Gesprächseinstiegs.

Die allgemeinen Faktoren dürfen jedoch nicht dazu führen, dass Sie sich in Floskeln und Standardsprüchen ergehen, bei denen der Angerufene denkt: „Oh nein, nicht schon wieder dieser Spruch, dass da jemand meinen Gewinn innerhalb kurzer Zeit um 10 % steigern kann – auf Nimmer-Wiederhören!"

Vielmehr sollten Sie den Kittelbrenn-Faktor so weit wie möglich individualisieren und dann Ihren Nutzen dazu in Beziehung setzen.

Denken Sie darum intensiv über die Nutzenfelder nach, die Sie und Ihre Firma dem Kunden bieten:

- „Meine Firma ist gut, weil … und bringt dem Kunden folgenden Nutzen: …"
- „Die Produkte/Dienstleitungen sind gut, weil … (das zeigt sich darin, dass …) – und der Kunde hat davon …"
- „Ich bin gut, weil … Und dem Kunden bringt das …"
- Wandeln Sie sich vom Verkäufer zum Nutzenbringer. Damit Sie dies leisten können, müssen Sie einen Paradigmenwechsel leisten: Nicht Sie stehen im Mittelpunkt des Telefonats, sondern der Kunde.

Nehmen Sie den Sie-Standpunkt ein

Für den professionellen Einstieg in das Telefonat benötigen Sie den richtigen Standpunkt. Der egoistische „Ich-Standpunkt" ist definitiv falsch. Umso mehr verwundert es, wie häufig das Wort „Ich" im Telefonverkauf immer noch benutzt wird. Wie viele Telefonate beginnen mit Sätzen wie „*Ich* rufe an wegen …", „*Ich* sollte mich bei Ihnen melden …" oder „*Ich* wollte einmal nachhören …"

▶ **Praxis-Tipp: Erst Nutzen betonen, dann sich selbst ins Spiel bringen** Ihr Gesprächspartner scannt Ihre Aussagen permanent danach ab, was er davon hat, was es ihm bringt, mit Ihnen zu sprechen. Helfen Sie ihm, vom ersten Moment an seinen Nutzen zu erkennen. Dann können Sie auch das „Ich" einflechten: „Guten Tag, ich möchte Ihnen nutzen" – das muss er von Beginn an erkennen können.

Wenn Sie den Sie-Standpunkt zu Ihrem eigenen machen, verschaffen Sie sich Vertrauen vom ersten Moment an. Indem Sie sich auf die Wellenlänge des Kunden begeben, bauen Sie Sympathie auf. Sie werden vom Gesprächspartner als jemand angesehen, der seine Sprache spricht, der versteht, um was es *ihm* geht. Dies stellt die Basis für ein vertrauensvolles Telefonat dar, und je mehr Vertrauen der Gesprächspartner zu Ihnen aufbaut, desto größer ist die Wahrscheinlichkeit, dass er Ihnen Glauben schenkt. Glauben ist das Annehmen der Aussagen, ohne einen Beweis dafür zu verlangen.

Allerdings: Allein die Worte zu tauschen, genügt nicht. Vielmehr sollten Sie den Kundenstandpunkt verinnerlichen und die Kundensicht auf Ihre Produkte und Dienstleistungen einnehmen. Henry Ford hat dazu richtig bemerkt: „Wenn es überhaupt ein Geheimnis des Erfolgs gibt, so ist es dies: den Standpunkt des anderen verstehen und die Dinge mit seinen Augen sehen."

▶ **Praxis-Tipp: Stellen Sie die Lebenswirklichkeit des Kunden in den Mittelpunkt**

- Schluss mit der Darstellung von Produktinformationen, die den Kunden nicht interessieren, sondern langweilen, weil sie seine Lebenswirklichkeit nicht treffen und ihm keinen Nutzen bringen. Was interessieren Ihren Kunden all die technischen Details Ihres Produktes? Er will wissen, ob es ihm eine Lösung für sein Problem bringt: „Durch den besonders günstigen Verbrauch von nur 7 Litern wird Ihre Haushaltskasse spürbar entlastet. Da sparen Sie bei 15 000 km Jahresleistung schnell ein paar Hunderter."
- Stellen Sie dem Kunden Fragen nach seinem Bedarf: „Wenn ich Ihnen für Ihren alten Wagen ein gutes Preisangebot mache, wären Sie dann interessiert?"
- Konzentrieren Sie den ersten Kaltanruf darauf, Informationen zum Kunden zu erhalten.
- Sprechen Sie nie länger als 30 Sekunden, ohne dem Kunden die Gelegenheit zu geben, seine Meinung zu sagen. Steuern Sie das Gespräch nicht mit Ihren Aus-

sagen, sondern mit Ihren Fragen. Formulieren Sie Ihre Fragen so, dass Sie dem Kunden die Bedeutung Ihrer wichtigsten Produktvorteile bewusst machen.

- Versprechen Sie dem Kunden nur das, was Sie wirklich halten können. Liefern Sie für Ihre Versprechungen Beweise, etwa durch Referenzen.

Analysieren Sie die berufliche Position des Gesprächspartners

Statt über Ihr Produkt oder Ihre Dienstleistung zu reden, sprechen Sie besser über die Bedürfnisse Ihres Gesprächpartners. Immerhin wissen Sie – wenn Sie sich ordentlich vorbereiten – welche Position er im Unternehmen einnimmt. Und diese Positionsbezeichnung bietet Ihnen weitere wertvolle Hinweise auf die Kittelbrenn-Faktoren und spezifischen Probleme, mit denen er sich herumschlagen muss:

- Der Verkaufsleiter muss Umsatz und Gewinn steigern und seine Verkäufer motivieren. Er steht unter permanentem Rechtfertigungszwang und Erfolgsdruck.
- Der Geschäftsinhaber muss neben dem wirtschaftlichen Erfolg Arbeitsplätze sichern und das Ansehen seines Unternehmens steigern.
- Mitarbeiter werden leider oft als Kosten-, nicht als Erfolgsfaktor angesehen. Das ist das Dilemma der meisten Personalchefs.
- Der Projektleiter steht unter Termindruck und muss mehrere Aufgaben zugleich bearbeiten.

▶ **Praxis-Tipp: Gehen Sie individuell und branchenspezifisch vor** Erstellen Sie eine branchenspezifische Liste mit den Kittelbrenn-Faktoren, die sich aus der Position Ihres Gesprächspartners ableiten lassen. So gewinnen Sie weitere Anhaltspunkte für Ihren kundenorientierten Gesprächseinstieg.

Sobald Sie diese Informationen über den Kunden vorliegen haben, ist es leichter, das Gespräch zu eröffnen – und zwar so, dass er sich angesprochen fühlt. Indem Sie den Kunden dort abholen, wo er sich befindet, schaffen Sie Vertrauen. Er denkt sofort, dass Sie sein Handwerk kennen und Ihr Handwerk verstehen – und Sie sprechen mit ihm auf derselben Ebene: „Ihnen als Projektleiter ist es ein großes Anliegen, die Übersicht über die vielen Aufgaben nicht zu verlieren." Der Gesprächspartner denkt „ja, genau!" und spricht es vielleicht sogar laut aus.

▶ **Praxis-Tipp: Werden Sie aktiv und formulieren Sie einen Gesprächseinstieg** Entwickeln Sie jetzt für jedes Gespräch vorab einen wenige Sekunden langen Gesprächseinstieg, in dessen Verlauf Sie dem Gesprächspartner zwei konkrete Nutzen offerieren, die seine Aufmerksamkeit fesseln. Mögliche Themen sind die genannten allgemeinen Nutzen wie Gewinn machen, Kosten senken, Zeit sparen und Sicherheit haben sowie die branchenspezifische Liste mit den Kittelbrenn-Faktoren.

Eröffnen Sie das Gespräch assoziativ

Die assoziative Gesprächseröffnung stellt eine besondere Variante dar. Voraussetzung ist allerdings, dass Sie sich zuvor intensiv mit dem Unternehmen beschäftigen können und wissen, was dem Unternehmen besonders wichtig ist. Diese Aussagen verbinden Sie mit Leistungsmerkmalen Ihres Hauses und schaffen damit die Plattform, auf der Sie sich begegnen können. Dazu einige Beispiele:

Ihre Firma ist eine Bausparkasse – Ihr Einstieg: „Wir sind anerkannter Spezialist im zielgerichteten und kontinuierlichen Aufbau von Vermögen zur optimalen Verwendung von Investitionen im Immobilienbereich, Sie zeigen diese Kompetenz in Ihrem Bereich. Lassen Sie uns im Gespräch überprüfen, wie Sie unsere Kompetenz zu Ihrem Vorteil nutzen können."

Sie sind in der Versicherungsbranche tätig – Ihr Einstieg: „Ihr Unternehmen ist führend im Bereich … Es steht für Qualität, Güte und Zuverlässigkeit. Wir sind die Nummer Eins in … und zeichnen uns durch Berechenbarkeit und Solidität bei hoher Innovationskraft aus. Lassen Sie uns in einem gemeinsamen Gespräch beleuchten, wie wir unsere gemeinsamen Kompetenzen zu Ihrem Nutzen zusammenbringen können."

► **Praxis-Tipp: Telefonieren Sie immer auf Augenhöhe**

- Übernehmen Sie die Gesprächsführung von Beginn. Aktive Gesprächsführung ab dem ersten Moment bedeutet, dass Sie direkt und ohne Umschweife auf Ihr Gesprächsziel zugehen. Sagen Sie einfach bereits zu Beginn, was Sie wollen: „Wir möchten Sie und Ihr Unternehmen für eine Zusammenarbeit gewinnen." Überraschen Sie Ihre Gesprächspartner mit klaren Statements.
- Führen Sie das Gespräch auf Augenhöhe. Die Zeit des unterwürfigen Verkäufers gehört der Vergangenheit an – wobei Sie aber auch das andere Extrem, nämlich den überheblichen Verkäufer, der den Kunden von oben herab behandelt, vermeiden sollten.

Wählen Sie einen überraschenden Gesprächseinstieg

„Different Thinking" – suchen Sie nach dem Außergewöhnlichen. Dazu zählt die „Gerade-heraus"-Strategie: Nachdem Sie sich vorgestellt haben, sagen Sie klar heraus, was Sie wollen. Sie wollen einen Termin, Sie wollen einen Abschluss – reden Sie nicht drum herum: „Ich möchte gerne mit Ihnen ins Geschäft kommen" – der gerade Weg führt ins Ziel.

Überprüfen Sie Ihren Gesprächsleitfaden

Ein Gesprächsleitfäden darf nie zu starr sein, so dass er Sie unflexibel macht. Er soll Sicherheit bieten, wie ein Geländer. Wo Sie die Treppe hochgehen – an den Seiten oder etwa in der Mitte – ist immer abhängig von dem Kunden und der Situation. Der Gesprächsleitfaden muss gewährleisten, dass Sie flexibel bleiben können.

Grundsätzlich ist die Frage zu stellen, ob er nicht mehr schadet als nutzt. Verkäufer teilen den Verkaufsprozess üblicherweise in vier Phasen: Eröffnung, Bedarfsanalyse, Angebotspräsentation und Abschlussphase. Entsprechend bereiten sie sich vor und strukturieren ihre Telefonate. Beim Gesprächseinstieg wird empfohlen, ein wenig Small Talk zu machen und das Interesse zu wecken. Das Problem: Für Kunden besteht der Verkaufsprozess oft aus einer Reihe von Konflikten. Für Verkäufer ist es deshalb erfolgsentscheidend zu wissen, wie diese Konflikte entstehen und wie sie erfolgreich gelöst werden können.

Für den Kunden besteht der Verkaufsprozess aus einer Kette von Entscheidungen, und jede Entscheidung verlangt von ihm, das Für und Wider, die Vor- und Nachteile sowie den Zugewinn und die Risiken gegeneinander abzuwägen. Deshalb durchlebt er bis zum Abschluss mehrere Konflikte. Und diese Konflikte bedeuten für ihn eine gewisse Anspannung und werden von ihm als unangenehm empfunden. Wir können drei Konfliktfelder abgrenzen:

- Im Bedarfskonflikt stehen für den Kunden die Fragen im Vordergrund: „Brauchen wir das überhaupt? Und von dieser Firma?"
- Im Angebots- oder Auswahlkonflikt stellt sich der Kunde diese Fragen: „Ist dies das richtige Angebot? Entspricht es dem von uns definierten Qualitätsgrad? Ist der neue Lieferant in der Lage, pünktlich zu liefern? Ist der Preis in Ordnung?"
- Im Abschluss- und Verantwortungskonflikt fragt er sich: „Muss ich mich jetzt entscheiden? Kann ich die Entscheidung verantworten?"

Wichtiger nun, als jenen Schritten des „normalen" Verkaufsgesprächs zu folgen, ist für Sie das Wissen, ob Ihr Kunde gerade einen Konflikt austrägt – und welchen.

Der Bedarfskonflikt Ihres Kunden

Die Ausgangslage: Bei der Gesprächseröffnung befindet sich Ihr Kunde häufig in einem Bedarfskonflikt. Statt Small Talk zu machen oder das Interesse des Kunden zu wecken, müssen Sie darauf eingehen und den Bedarfskonflikt bearbeiten. Ihr Kunde fragt sich, ob er ein Produkt prinzipiell erwerben will oder nicht. Und wenn ja: Warum dann überhaupt von Ihnen?

Grundsätzlich ist der Bedarfskonflikt des Kunden für Sie zunächst einmal positiv. Denn erst, wenn sich ein Kunde die Frage stellt, ob er ein Produkt oder eine Lösung überhaupt braucht, ist er bereit, sich damit zu befassen. Mitunter werden Sie auf Kunden treffen, die mit ihrem jetzigen Lieferanten unzufrieden sind oder ihre momentane Lösung als unzureichend empfinden. Ein Kunde, der sich in dieser Situation befindet, durchlebt bereits einen Bedarfskonflikt. Ihm sind die Defizite bewusst, jedoch hat er sich noch nicht eindeutig für den Erwerb einer neuen Lösung entschieden. Diesen Konflikt lösen Sie, indem Sie dem Kunden zeigen, dass er sehr wohl einen dringenden Bedarf hat – den Sie befriedigen können.

Oft müssen Sie einen Bedarfskonflikt überhaupt erst einmal auslösen. Dies erreichen Sie, indem Sie dem potenziellen Kunden einen besonderen Nutzen vor Augen führen, den die Konkurrenz, mit der der Kunde momentan zusammenarbeitet, nicht bietet. Erstes Ziel ist es, den Kunden so weit zu bringen, dass er seine bisherige Lösung, an der er sonst nichts auszusetzen hatte, als ungenügend empfindet. Das heißt: Der Kunde stellt diese Lösung in Frage und erlebt dadurch einen Bedarfskonflikt. Schaffen Sie es jetzt, den Kunden von den Vorteilen Ihrer Lösung zu überzeugen, lösen Sie diesen Konflikt.

▶ **Praxis-Tipp: Gehen Sie mit Bedarfskonflikten professionell um**

- Das Auslösen des Bedarfskonflikts verlangt von Ihnen viel Fingerspitzengefühl: Haben Sie es mit einem Kunden zu tun, der vollkommen zufrieden mit seinem bisherigen Lieferanten ist, ist es schwierig, bei ihm einen Bedarfskonflikt auszulösen. Zudem machen Sie sich bei ihm schnell unbeliebt, wenn Sie versuchen, sich in die bestehende Verkäufer-Kunden-Beziehung zu drängen. Prüfen Sie, ob Sie wirklich eine Lösung anbieten können, die den Erwartungen des Kunden besser entspricht als die seines jetzigen Lieferanten.
- Anders verhält es sich, wenn ein potenzieller Kunde nur deshalb mit seinem bisherigen Produkt beziehungsweise Lieferanten zufrieden ist, weil er noch nicht weiß, dass Sie ihm eine Lösung anbieten können, die seinen Bedürfnissen besser gerecht wird. In diesem Fall sollten Sie den Bedarfskonflikt ohne Bedenken herbeiführen.

Das Beispiel zeigt, dass traditionelle Gesprächsleitfäden oft nicht geeignet sind, der komplexen psychologischen Situation, die zu Beginn des Telefonats herrscht, gerecht zu werden. Überprüfen Sie Ihren Gesprächsleitfaden. Ist die Phaseneinteilung der Realität angemessen?

Nennen Sie zudem Ihre Geschäftsabsicht bereits zu Beginn Ihres Telefonats. Abschlusstechniken müssen nicht erst am Ende des Gesprächsprozesses angewendet werden – sondern dann, wenn es Sinn macht. Und das kann durchaus zu Beginn des Gesprächs der Fall sein! Und wenn laut Gesprächsleitfaden die Argumentationsphase ansteht, der Kunde aber im Entscheidungskonflikt steckt – dann beenden Sie die Nutzenargumentation und geben Entscheidungshilfen.

Fazit

Der Erfolg des Gesprächseinstiegs ist abhängig davon, wie viele Informationen Sie über den Kunden gewinnen, um ihm einen Nutzen bieten zu können.

Je mehr Sie wissen, desto kundenorientierter können Sie vorgehen, sich als Nutzenbringer profilieren und den Sie-Standpunkt einnehmen. Die Informationsquellen sind:

- Recherche: Internet, Gespräche, Prospekte etc.
- Überlegungen zu generellen Kittelbrenn-Faktoren
- Überlegungen zu branchen- und unternehmensspezifischen Kittelbrenn-Faktoren, abgeleitet etwa aus der beruflichen Position des Kunden

Bedenken Sie, dass sich Ihr Kunde zu Gesprächsbeginn mit hoher Wahrscheinlichkeit in einem Bedarfskonflikt befindet.

Test: Wie bereiten Sie Ihren Gesprächseinstieg vor?

	Ja	Nein
• Sie analysieren die Homepage des Kunden/Kundenunternehmens.	❑	❑
• Sie ziehen Rückschlüsse auf die Persönlichkeit und Situation des Gesprächspartners („Aus der Unternehmensphilosophie folgere ich, dass ...").	❑	❑
• Sie besorgen sich alle Informationsmaterialien, die zur Verfügung stehen (Prospektmaterial, Geschäftsbericht ...).	❑	❑
• Sie überlegen, welche Engpassfaktoren vorliegen (allgemein, branchenspezifisch, unternehmensrelevant, kundenindividuell).	❑	❑
• Sie nutzen die Engpassfaktoren, um gleich zu Beginn einen entsprechenden Nutzen zu formulieren.	❑	❑
• Sie beachten, dass sich der Kunde in einem Bedarfskonflikt befinden könnte.	❑	❑

Fazit

Bei vier „Neins" oder mehr sollten Sie sich Alternativen für Ihren Gesprächseinstieg überlegen.

„Wie kann ich Ihnen nutzen?“: Das kundenorientierte Kerngespräch

4

Mit Ihrem Gesprächseinstieg ist es Ihnen gelungen, den Kunden ans Telefon zu fesseln. Er interessiert sich für das, was Sie zu sagen haben. Indem Sie nun in die Welt des Kunden eintauchen, sind Sie in der Lage, Kundenbedürfnisse und -erwartungen sowie Kaufsignale zu erkennen und das Gespräch zu steuern. Ihre Kenntnis der „Kunden-Welt“ hilft Ihnen zudem, kundennutzenorientiert zu fragen und zu argumentieren sowie den Einwänden des Gesprächspartners zu begegnen. Schließlich winkt der Abschluss – wenn Sie die entsprechenden Abschlusstechniken beherrschen.

Zeigen Sie dem Kunden Ihr innerliches Beteiligtsein

Ein Blick in die Rhetorik-Literatur zeigt: Reden ist Gold, Schweigen ist Blech. Insbesondere Verkäufern bieten Ratgeber zahlreiche Kommunikationstechniken an, die helfen sollen, das Publikum – die Kunden – zu überzeugen. Das ist richtig und gut so – zuweilen jedoch wird darüber vergessen, dass der Mensch zwei Ohren hat, mit denen er nicht nur das Gleichgewicht halten, sondern zuhören kann. Gott gab uns zwei Ohren, aber nur einen Mund, damit wir doppelt so viel zuhören wie sprechen – diese Sentenz wird Goethe zugeschrieben.

L. Stempfle, R. Zartmann, *Aktiv verkaufen am Telefon*,
DOI 10.1007/978-3-658-02990-6_4,

► **Praxis-Tipp: Erkennen Sie die Faktoren, die das aktive Zuhören verhindern** Wenn Sie die Faktoren, die das Zuhören verhindern, kennen, können Sie gegensteuern:

- Verteidigungsmechanismus: Menschen wehren sich gegen „schlechte Nachrichten“. Nachteil: Wer nicht richtig zuhört, kann Gefahren überhören und setzt sich mit ihnen nicht auseinander. Ein dafür typischer Einwand: „Ja, aber…“
- Schwaches Selbstbewusstsein: Nervosität, Selbstzweifel und Angst sind dem Zuhören abträglich. Klassisches Beispiel: Sie stehen unter Erfolgs- und Ertragsdruck und können darum Ihr Potenzial nicht entfalten.
- Zuhören wurde nicht erlernt bzw. verlernt: Viele Verkäufer haben es sich angewöhnt, vorauszudenken und zu reden, obwohl sie ihrem Gegenüber besser noch zuhören sollten.
- Verhandlungspartner wird nicht akzeptiert: Menschen hören nicht hin und zu, weil sie von dem Gesprächspartner nichts Wertvolles erwarten oder er sich nicht mit ihnen auf einer Hierarchiestufe befindet.

Durch ihre mangelnde Bereitschaft, aufmerksam zuzuhören, vergeben viele Verkäufer die Chance zu erfahren, was den Kunden wirklich bewegt. Sie stecken ihn in eine Schablone und argumentieren mit auswendig gelernten Standardsätzen an seinen wirklichen Motiven vorbei. Kein Wunder, dass bei einem solchen Nebeneinanderherreden das Verkaufsgespräch verflacht und der Verkäufer nicht annähernd die wirklichen Bedürfnisse des Gesprächspartners erkennt. Im Gegenteil. Der Kunde fühlt sich frustriert, da auf seine spezifischen Wünsche und Erwartungen nicht eingegangen wird. So verliert der Verkäufer das Vertrauen des Kunden, bevor er überhaupt den Versuch gestartet hat, es zu gewinnen.

Was können Sie dagegen tun? Der Königsweg lautet: aktives Zuhören. Was jedoch heißt „zuhören“ überhaupt? Beim Zuhören kommt es darauf an, dass Sie die Aussagen, die Gedanken und – wenn dies möglich ist – auch die darunter liegenden Gefühle heraushören und herausspüren. Voraussetzung ist, dass Sie innerlich beteiligt sind. Das gelingt, wenn Sie nachspüren, wie dem anderen zumute ist. Sie ziehen also auch in Betracht, *wie* etwas gesagt wird. Wer diese Kunst beherrschen will, muss über ein aufnahmefähiges Bewusstsein verfügen, durch das ein wahrhaftiges innerliches Beteiligtsein überhaupt erst ermöglicht wird.

Stellen Sie gefühlsmäßig Übereinstimmung her

Hehre Worte ohne Folgen? Keinesfalls. Denn Ihr Geschick, über Ihr innerliches Beteiligtsein eine positive Beziehung aufzubauen, ist der Auslöser für das Verhalten des Kunden. Ihre Fähigkeit zur Kommunikation ist Voraussetzung, eine gefühlsmäßige Übereinstimmung zu erreichen. Kommunikation in diesem Sinne besteht nicht nur aus Reden, sondern aus aktivem Zuhören und darin, auf den Kunden einzugehen.

Aktives Zuhören soll Ihnen also helfen:

- auf der Inhaltsebene mehr und bessere Informationen über die spezifische Situation des Kunden zu erhalten, damit Sie ihm eine „maßgeschneiderte“ Lösung anbieten können.
- dem Kunden zu ermöglichen, seine Bedürfnisse und Erwartungen selbst zu erkennen und auszusprechen.
- auf emotionaler Basis eine weitgehende gefühlsmäßige Übereinstimmung zu erzielen und eine vertrauensvolle Gesprächsatmosphäre aufzubauen.
- das neutrale oder vielleicht sogar negative Verhalten des Kunden Ihnen gegenüber in positiver Weise zu verändern, sein Misstrauen abzubauen und eine gemeinsame Vertrauensbasis zu finden.

Vlirt am Telefon

Wenn Sie die gefühlsmäßige Übereinstimmung mit Ihrem Gesprächspartner hergestellt haben, können Sie so richtig mit ihm vlirten. Nun fragen Sie vielleicht: Ist nicht auch nach der Rechtschreibreform „Flirt“ die korrekte Schreibweise? Wir schreiben das Flirten bewusst falsch, eben mit „V“, um zu verdeutlichen, dass über das „Vlirten“ eine Beziehung zum Kunden aufgebaut werden kann – und damit Vertrauen. Dieses Vertrauen erlaubt einen Dialog vom Du zum Du – keine ausschließlich geschäftlich gefärbte telefonische Geschäftsbeziehung kommt zustande, sondern ein Gespräch von Mensch zu Mensch – und das, obwohl Sie „nur“ über das Medium „Telefon“ mit Ihrem Kunden kommunizieren.

In Exkurs 1 haben wir gezeigt: Aktiv zuzuhören heißt, bewusst und konzentriert auf den Kunden einzugehen, indem Sie den Kommunikationsprozess in seiner Gesamtheit über den rein verbalen Bereich hinaus erfassen. Die Übersicht veranschaulicht, wie Sie das Konzept im Telefonat mit Leben erfüllen.

Übersicht: So verwirklichen Sie das Konzept des „aktiven Zuhörens“

- Unterbrechen Sie den Kunden nicht, lassen Sie ihn ausreden: Jede Unterbrechung hemmt den Kommunikationsprozess. Ihr Gesprächspartner fühlt sich abgewertet, er vermutet, dass Sie seine Interessen nicht ernstnehmen. Darum zieht er sich zurück. Sie haben ihn nicht in seiner Gesamtheit akzeptiert. Ihre Anteilnahme an seiner Situation ist nur aufgesetzt und oberflächlich.
- Erteilen Sie keine belehrenden Ratschläge: Ihre Ratschläge sind natürlich gut gemeint. Es besteht allerdings die Gefahr, dass Ihr Gesprächspartner Ihre Ratschläge als Versuch empfindet, ihn zu beeinflussen. Vermeiden Sie also jede Bemerkung, die Sie als „Oberlehrer“ erscheinen lassen könnte.
- Stellen Sie keine Behauptungen auf: Auch mit Behauptungen belehren Sie Ihren Partner und fordern seinen Wider-

spruchsgeist heraus. Selbst wenn Sie im Recht sind: Sie erzeugen Widerstand und damit eine negative Stimmung. Denken Sie an das Geltungsbedürfnis Ihres Partners. Er kontert Ihre Behauptungen damit, sich zu behaupten! Er glaubt, Stärke beweisen zu müssen, um sich gegen Sie behaupten zu können.

- Sprechen Sie nicht (nur) von sich selbst: Geben Sie nicht bei jedem Satz Ihres Kunden Ihre eigenen Erfahrungen zum Besten. Hören Sie besser zu und stellen Sie Ihr eigenes Mitteilungsbedürfnis zurück.
- Legen Sie eine optimistische und positive Einstellung zu Ihrem Kunden und zu dem, was er sagt, an den Tag: Positive Gefühle übertragen sich auf Ihren Gesprächspartner und öffnen das Tor zu seinem Inneren.
- Zeigen Sie Verständnis: Versetzen Sie sich in die Situation des Kunden. Wiederholen Sie den Empfindungsgehalt seiner Aussagen mit eigenen Worten, um herauszufinden, wie er denkt.
- Lassen Sie nach jeder Ihrer Aussagen eine kleine Gedankenpause. So haben Sie die Möglichkeit, das Gesagte wirken zu lassen. Ihr Partner kann darüber nachdenken und wird Ihnen schließlich vielleicht noch weitere Informationen zum Gesprächsthema geben.

Fragen stellen, aber die richtigen

Wir sind der Meinung, dass es ganz bestimmte Fragen und Fragen-Kombinationen sind, die Ihnen den Zugang zu den Herzen und den Kaufbedürfnissen des Kunden ermöglichen. Und darum möchten wir Sie nicht mit der x-ten Darstellung all der Fragetechniken langweilen, die es gibt, sondern Ihnen unsere „Fragen-Highlights" vorstellen.

Stellen Sie die Einwilligungs-Frage

Nach Ihrem Gesprächseinstieg sollten Sie sich unbedingt die Einwilligung des Gesprächspartners einholen. Stellen Sie die folgende Frage: „Herr…, Sie und Ihr Unternehmen möchte ich gerne für eine Zusammenarbeit gewinnen. Sie werden uns wohl nur dann auswählen, wenn wir Ihnen Nutzen bringen. Um festzustellen, ob das grundsätzlich möglich ist und damit wir gleich zum Wesentlichen kommen können: Darf ich Ihnen zunächst ein paar Fragen stellen?"

Sprechen Sie dabei lieber von Konzepten oder Systemen, die Sie anbieten, anstatt von Produkten. Konzepte und Systeme versprechen einen hochwertigeren Nutzen.

► **Praxis-Tipp: Entwickeln Sie beim Kunden Überzeugungs-Energie** Nach der Einwilligung beginnen Sie damit, Ihre Fragen zu stellen. Berücksichtigen Sie dabei folgende Aspekte:

- Schaffen Sie in dem Verkaufstelefonat eine persönliche Betroffenheit. Fragen und Argumente, welche sich im Allgemeinen aufhalten, sind unbedeutend, sie treffen nicht, sie bringen weder dem Gesprächspartner noch Ihnen etwas.
- Ihre Fragen und das Gespräch sollten zum Ziel haben, den Kunden zu überzeugen und ihn dazu zu veranlassen, bei Ihnen zu kaufen. Dazu braucht er eine Überzeugungs-Energie – in zweifacher Hinsicht:
- Zum einen soll er Sie beauftragen – das ist noch der einfachere Teil.
- Zum anderen muss Ihr Gesprächspartner eventuell dem bisherigen und langjährigen Lieferanten beibringen, dass er durch Sie ersetzt wird – und das kann für ihn eine richtig hohe Hürde darstellen. Dafür müssen Sie ihm Gründe und Energie liefern. Er wird Ihnen nur dann den Auftrag geben, wenn er sich vorstellen kann,

durch die Zusammenarbeit mit Ihnen einen größeren Nutzen zu haben als durch die Zusammenarbeit mit dem bisherigen Lieferanten.

Adoptieren Sie das „Stiefkind" geschlossene Frage

Verkäufer assoziieren das Verkaufen zumeist damit, den anderen überzeugen oder überreden zu müssen. Eine besondere Eignung dazu wird der offenen Frage unterstellt – Sie kennen den Grundsatz, dass es vor allem die offene Frage ist, mit der Sie einen Dialog eröffnen und das Gespräch führen können. Was ja auch stimmt, wenn es darum geht, Informationen vom Gesprächspartner zu bekommen.

Allerdings: Gibt es nicht auch andere Situationen, in denen die offenen Fragen sogar die falsche Gesprächsrichtung vorgeben? Dies ist zum Beispiel der Fall, wenn Sie als Fachmann oder Fachfrau einfach mehr wissen, als der Gesprächspartner wissen kann. Stellen Sie sich vor, dass Sie beim Arzt sitzen, und der fragt Sie: „Wie ist Ihre Diagnose?" Sie werden den Arzt sicherlich ungläubig anschauen und sich die gar nicht offene Frage stellen, ob Sie „im richtigen Film sind".

Das heißt: Immer, wenn Fachleute auf Laien treffen, sind geschlossene Fragen richtig und wichtig – so auch beim Arzt, wenn er fragt: „Wenn ich hier drücke, schmerzt es dann?" Ebenso unsinnig ist es, wenn ein Kellner seine Gäste, die nach dem Hauptgang vor ihren leeren Tellern sitzen, fragt: „Was darf ich Ihnen noch bringen?" Fragt er hingegen: „Was darf ich Ihnen noch bringen – einen Kaffee oder einen Cappuccino?", ist die Wahrscheinlichkeit groß, dass er einen Zusatzverkauf abschließt.

Was heißt das für uns? Wenn wir Entscheidungen haben wollen, sind geschlossene Fragen sehr gut geeignet, wenn nicht gar das einzig sinnvolle Mittel. Natürlich – der Gesprächspartner kann darauf mit einem Nein antworten. Doch haben Sie vor dem NEIN keine Scheu. Es ist lediglich eine Abkürzung für: **N**och **E**ine **I**nformation **N**ötig!

▶ **Praxis-Tipp: Beenden Sie bei einem „Nein" nicht das Gespräch**

- Nehmen Sie das Nein zum Anlass, nach den Gründen zu fragen: „Weshalb nicht?"
- Diese Begründung nehmen Sie auf und stellen die „Angenommen-Frage": „Angenommen, wir können Ihnen diesen Punkt erfüllen, kommen wir dann ins Geschäft?"

Sie sehen: Die geschlossene Frage hat ihre Daseinsberechtigung, wenn Sie das Gespräch immer an eine Entscheidungsposition führen wollen. Nutzen Sie zukünftig die geschlossenen Fragen auch als Rückkopplungsfragen – die entsprechenden Formulierungen lauten:

- „... – ist das so in Ordnung für Sie?"
- „... – passt Ihnen das so?"

So bringen Sie Ihren Gesprächspartner dazu, Ihre Aussage noch einmal zu überdenken. Er gibt Ihnen eine konkrete Rückkopplung zu Ihrer Aussage. Stimmt er Ihnen zu, dann geht es weiter mit dem Verkaufsgespräch, sagt er Nein, müssen Sie den Punkt näher beleuchten. In jedem Fall kommt es zu einer Positionierung.

Sie gewinnen damit eine sehr realistische Sicht über die Gedanken Ihres Gesprächspartners und können zielgerichteter vorgehen.

Gesprächsführung durch vertiefende Fragen

Natürlich: Jeder Fragetyp hat seine Vor- und Nachteile. Die offene Frage führt zuweilen zu einem ungewollten Redeschwall Ihres Gesprächspartners, die rhetorische Scheinfrage streift den Bereich der Manipulation, wenn Sie sie einsetzen, um Ihren Äußerungen den Anschein der Objektivität zu verleihen.

Wichtig sind die vertiefenden Fragen: Mit ihnen gehen Sie den Aussagen Ihres Partners auf den Grund. Sie sollten immer als offene Frage gestellt werden und beginnen meistens mit den folgenden Worten:

- „Wie meinen Sie das…?“
- „Was gibt Ihnen…?“
- „Was bringt Ihnen…?“
- „Was bedeutet Ihnen…?“
- „Warum meinen Sie…?“
- „Weshalb fragen Sie…?“
- „Wieso denken Sie…?“

Mit den vertiefenden Fragen signalisieren Sie dem Gesprächspartner Ihr Interesse und Ihre Aufmerksamkeit. Dies leistet auch die Fragetechnik des Hinterfragens: Durch das Hinterfragen zeigen Sie Ihr Interesse an der Situation und den Gefühlen Ihres Partners. Er freut sich, mit Ihnen über seine Probleme sprechen zu können.

Die kraftvolle Fragen-Kombination entscheidet

Wie kann es Ihnen gelingen, sich zum „Besserversteher“ der Welt Ihres Gesprächspartners zu entwickeln? Top-Verkäufer schaffen es mit Hilfe der richtigen Strategie, dass nicht sie – also der Verkäufer –, sondern *ihr Kunde* sich selbst die passenden Argumente zum Kauf liefert. Der Kunde verkauft sozusagen an sich selbst.

Diese Verkäufer setzen die Fragestrategie vor allem dann ein, wenn der Kunde Entscheidungen im High-Investment-Bereich tätigen soll. Denn dann fragt er andere Beteiligte um Rat, holt weitere Informationen bei Experten ein, es werden Meetings und Diskussionsrunden angesetzt, um die weitreichenden Folgen und Auswirkungen der Entscheidung zu bedenken – dadurch zieht sich der Entscheidungsprozess in die Länge. Der Überzeugungsprozess des Verkäufers verläuft mithin viel komplexer und komplizierter als bei Entscheidungen, bei denen es um niedrigere Investitionssummen geht.

Die Fragestrategie ist geeignet, gerade bei komplexeren Entscheidungsprozessen zur Anwendung zu gelangen. Es handelt sich um eine wirkmächtige Kombination aus:

- Fragen zur momentanen Situation: Sie dienen dazu, die aktuelle Situation des Kunden in Erfahrung zu bringen und Daten, Fakten und Hintergrundinformation zu sammeln.
- Fragen zu möglichen Problemen: Sie beleuchten Bereiche, in denen der Kunde Schwierigkeiten hat und/oder unzufrieden ist. Sie laden den Kunden ein, seinen Bedarf und seine Bedürfnisse konkret und mit eigenen Worten auszudrücken.
- Fragen zur Wirkung der Probleme: Sie unterstützen den Kunden dabei, die Auswirkungen und Konsequenzen zu analysieren, die das Problem verursacht. Ihr Ziel ist es, dem Kunden zu helfen, das Problem in einem Licht zu sehen, das eine Lösung dringend erforderlich macht.
- Fragen zum Nutzen aus Kundensicht: Sie helfen dem Kunden, ein Gefühl für den Wert und den Nutzen einer Problemlösung zu entwickeln. Sie lenken die Aufmerksamkeit des Kunden vom Problem zur Lösung und stellen sicher, dass Ihnen der Kunde den Nutzen mitteilt.

► **Praxis-Tipp: Stellen Sie die richtige Frage zum richtigen Zeitpunkt**

- Situationsfragen sollten Sie nur dann stellen, wenn sie Ihnen wirklich brauchbare Ergebnisse liefern. Verwenden Sie sie eher sparsam, da zu viele Situationsfragen Ihren Kunden langweilen oder irritieren könnten.
- Problemfragen haben einen stärkeren Einfluss auf den Abschlusserfolg als Situationsfragen. Erfahrene Verkäufer stellen deutlich mehr Problemfragen als unerfahrene. Die Mehrzahl der Verkäufer stellt zu wenig Problemfragen oder platziert sie an der falschen Stelle.

- Auswirkungsfragen werden um so wichtiger und wirken sich um so stärker auf den Abschlusserfolg aus, je größer das Geschäft ist. Auswirkungsfragen funktionieren besonders gut bei Entscheidern; sie entsprechen dem Denkstil des typischen Managers, der stets die Folgen von Entscheidungen mitbedenken muss, besonders gut. Zudem führen Auswirkungsfragen dazu, dass sich der Kunde bei seinen Problemen zunehmend unwohl fühlt.
- Nutzenfragen reduzieren die Neigung der Kunden, Einwände zu erheben. Sie haben bei Großgeschäften einen sehr hohen Einfluss auf den Verkaufserfolg. Nutzenfragen trainieren den Kunden für den internen Verkauf, also in dem Bereich, in dem er sich am besten auskennt.

Beispiel für ein Kundengespräch mit der kraftvollen Fragen-Kombination

Ein professionell geführtes Verkaufsgespräch nach dem Modell weist folgende Struktur auf:

- Der Verkäufer nutzt die Situationsfrage, um einen Kontakt zum Kunden herzustellen: „Herr Kunde, setzen Sie in Ihrer Abteilung xy-Maschinen ein?“
- Anhand einer Problemfrage: „Wie schwierig sind diese Maschinen in der Bedienung?“, deckt der Kunde seine verborgenen Bedürfnisse selbst auf: „Ziemlich schwierig, aber wir haben zwei Spezialisten, die sich damit auskennen.“
- Diese verborgenen Bedürfnisse vertieft der Verkäufer wiederum mit Auswirkungsfragen, so dass der Kunde das Problem klarer, präziser und dringender erlebt: „Ist das nicht ein hohes Risiko, wenn sich nur zwei Mitarbeiter damit auskennen? Was ist, wenn

einer ausfällt und Sie nur mit halbem Einsatz produzieren können?"

- Anschließend veranlasst der Verkäufer den Kunden mit der Nutzenfrage: „Wie ließe sich denn Ihrer Meinung nach das Risiko verringern?", seine Bedürfnisse explizit auszudrücken. Dies wiederum befähigt den Verkäufer dazu, ein individuelles Nutzen-Angebot zu unterbreiten.
- Als Regel gilt: Stellen Sie immer so lange Auswirkungs- und Nutzenfragen, bis der Kunde ein explizites Kaufsignal aussendet.

Zwischenfazit
Vor allem durch das aktive Zuhören und das Fragen sollten Sie jetzt den Bedarf und die Bedürfnisse Ihres Telefonkunden ziemlich genau einschätzen können.

Das Angebot: Argumentieren Sie kreativ auf der Nutzenebene

Wenn Sie mit Ihrem Gesprächspartner bis in die Angebotsphase gekommen sind, beachten Sie, dass es jetzt Ihre Aufgabe ist, den Angebots-(Auswahl-)Konflikt zu lösen. Machen Sie es Ihrem Gesprächspartner bitte so einfach wie möglich, Ihrem Vorschlag zustimmen zu können. Denn er fragt sich in diesem Abschnitt des Gesprächs: Weshalb gerade dieses Angebot – etwa in dieser Ausgestaltung, Menge, Qualität, gerade von dem Lieferanten? Diese Fragen, in denen sich der Konflikt des Kunden spiegelt, müssen Sie unbedingt zur Zufriedenheit des Gesprächspartners beantworten. Hier zeigt es sich, ob Sie im Bereich der Bedarfsund Bedürfniserfassung ganze oder nur halbe Arbeit geleistet haben.

Es genügt nicht, die abgedroschenen und von allen anderen Telefonverkäufern bereits benutzten Allgemeinplätze zu formulieren. Sie müssen auf den Kunden bezogen argumentieren. In einer Zeit, in der es bei Produkten und Dienstleistungen kaum noch Alleinstellungsmerkmale gibt, ist es die vornehmste Aufgabe des Verkäufers am Telefon, das spezifische Alleinstellungsmerkmal auf den Gesprächspartner bezogen zu entwickeln und zu verdeutlichen.

Hier müssen Sie konsequent Übersetzungsarbeit leisten – und zwar durch überzeugende Argumente.

Fördern Sie die Selbstüberzeugung des Kunden

Überzeugungsstrategien gibt es viele – oft zeigen sie, wie man die eigene Meinung gekonnt darbietet. Eine alternative Strategie beruht auf dem Ansatz: Überzeugen heißt, die Selbstüberzeugung des Kunden zu fördern.

In den meisten Gesprächen treffen unterschiedliche, zumindest aber mehr oder weniger subjektive Weltbilder und Einstellungen aufeinander. Jeder versucht den anderen so zu überzeugen, dass dieser sein Handeln entsprechend den eigenen Zielen verändert. Aber: Diese Überzeugungsarbeit kann immer nur in der jeweiligen Realität und Wirklichkeit dessen stattfinden, der überzeugt werden soll, mithin in der Wirklichkeit des Kunden. Das bedeutet: Sie beraten und verkaufen aus der Nutzenerwartung des Kunden heraus.

Beachten Sie die wichtigsten Aspekte einer guten Überzeugungsstrategie

Es gibt keine Regeln, die Sie zum perfekten Überzeugungskünstler machen – es gibt nur Telefonverkäufer, die eine konstruktive Einstellung zu sich selbst und zum Kunden haben und authentisch und glaubwürdig vorgehen. Auf dieser Grundlage können Sie Ihre Argumente vortragen. Klug ist es, wenn Sie

- zu Beginn ein starkes – wenn auch nicht das stärkste – Argument bringen, um das Interesse des Kunden zu wecken,
- starke Argumente für die Einwandbehandlung in der Hinterhand behalten,
- ein Argument auswählen und zurückhalten, um eine kritische Gesprächsphase zu überstehen, und
- schwächere Argumente notfalls weglassen.

▶ **Praxis-Tipp: Weisen Sie auf wichtige Argumente explizit hin** Kündigen Sie die Argumente, die die Kaufmotive Ihres Kunden direkt ansprechen, deutlich an, um seine Erwartungshaltung zu lenken: „Herr Müller, jetzt habe ich eine sehr wichtige Information für Sie, nämlich..."

Verwenden Sie Argumentationsmuster

Präsentieren Sie Ihre Argumente wirkungsvoll. Die folgenden Argumentationsmuster heben auf die Selbstüberzeugung Ihres Kunden ab:

- Argumentationskette: Einer einleitenden These („Diese Anlage lohnt sich für Sie...") lassen Sie die Argumente 1, 2 und 3 folgen, die die Meinung des Kunden integrieren, aufeinander aufbauen, eine „Kette" bilden und in einen Appell münden.
- These und Gegenthese: Sie führen den Kunden zum Thema hin, stellen eine These (Standpunkt 1) und dann eine Gegenthese (widersprechender Standpunkt 2) auf, um das Ganze zusammenzufassen und eine (Kompromiss-)Lösung zu bieten,
- Debattentechnik: Sie stellen eine Meinung vor, die nicht die Ihre ist, sondern die des Kunden, um sie in einem „Einerseits"-Satz zu begründen. Dann formulieren Sie Ihre eigene Meinung als Gegenbehauptung, tragen dazu zwei „Andererseits"-Argumente 1 und 2 (für Ihre eigene Meinung) vor und ziehen eine Schlussfolgerung. Ein einfaches Beispiel:

- Kundenmeinung aufgreifen: „Sie sagen, diese Anlage sei nicht rentabel genug."
- Bestätigung/Einerseits: „Einerseits stimme ich Ihnen zu. Kurzfristig sieht es mit der Gewinnerwartung bei anderen Anlagenformen besser aus."
- Andererseits 1 und 2: „Auf der anderen Seite ist es häufig sinnvoll, die langfristige Rendite zu beachten – schauen Sie sich doch einmal diese Übersicht an." Und: „Zudem ist es sinnvoll, im Alter über eine kontinuierlich sprudelnde Einnahmequell zu verfügen."
- Schlussfolgerung: „Vielleicht ist diese nachhaltige Sicht für Sie von Vorteil, oder wir mischen die eher kurzfristig orientierte und die langfristige Anlage miteinander."

Vor allem die letzte Technik ist geeignet, aktiv die Ansicht Ihres Kunden in die Überzeugungsstrategie zu integrieren und so dessen Selbstüberzeugung zu fördern. Weiterer Vorteil: Sie zeigen, dass Sie Ihren Kunden wertschätzen und ernst nehmen – die Überzeugungswahrscheinlichkeit wächst.

▶ **Praxis-Tipp: Argumentieren Sie zielgruppenspezifisch**

- Tragen Sie Ihre Argumente sprachlich angemessen und wirkungsvoll vor. Ein bodenständiger Mittelständler muss anders angesprochen werden als der Professor.
- Lassen Sie als Profi-Telefonverkäufer bei der Argumentation verwirrende und überflüssige Details von vornherein weg und vermeiden Sie Komplexität, indem Sie sich auf die wichtigsten Aussagen beschränken.
- Kommt eine bildhafte und anschauliche Sprache hinzu, sind Sie in der Lage, die Argumente so zu präsentieren, dass der Kunde sie nachvollziehen kann.
- Vermeiden Sie Fremdwörter und Fachsprache – auch das Komplizierte lässt sich einfach sagen.
- Zuweilen vermitteln Telefonverkäufer – oft unbewusst – den Eindruck, sie stünden über dem Kunden. Dieser

wird durch das Auftreten des Verkäufers am Telefon und eine abgehobene Sprache klein gemacht. Sie sollten ihm bereits durch Ihre Sprache zeigen, dass Sie sich mit ihm auf einer Wellenlänge bewegen wollen. Ihr Wille zum kommunikativen Gleichklang ist Ausdruck eines wirklichen Interesses am Kunden.

So begegnen Sie Einwänden richtig

Einwände werden selten als das erkannt, was sie zumeist sind: Mittel des Kunden, sich im Verkaufsgespräch zu profilieren und sich gegenüber dem Telefonverkäufer, den er als dominant erlebt, zu behaupten. Also gegenüber Ihnen!

Der Kunde und Sie im Beziehungskonflikt

Preiseinwände etwa – so die gängige Meinung – seien nichts anderes als ein Hinweis darauf, dass der Kunde noch Informationsbedarf hat. Wie reagieren die meisten Telefonverkäufer? Der Kunde wird mit noch mehr Nutzenargumenten überschüttet, die den Preis des Produkts legitimieren sollen. Oder der Telefonverkäufer stimmt dem Einwand bedingt zu: „Ihr Preiseinwand ist richtig – aber nur, wenn Sie nicht die hohen Renditeerwartungen berücksichtigen. Ich stelle Ihnen jetzt einmal ausführlich dar, warum Sie mit dieser Anlage nichts falsch machen können…“

Das Ende von Lied und Leid: Kunde und Telefonverkäufer verzetteln sich in ein verbales Scharmützel. Und der Telefonverkäufer merkt gar nicht, dass der Kunde die Einwände vor allem formuliert, um sich in dem Beziehungskonflikt durchzusetzen, in dem er sich mit seinem Gegenüber befindet.

Erkennen Sie den Profilierungsdrang des Kunden

Psychologischer Hintergrund ist das menschliche Profilierungsstreben: Menschen streben als emotionale Wesen im Verhältnis zum Gegenüber nach Sicherheit bezüglich ihres Status – auch im Verkaufsgespräch. Dieser Status wird mit Hilfe bestimmter Rituale festgelegt, zu denen das gegenseitige Kennenlernen gehört. Jeder der Gesprächspartner überprüft dabei, ob er sich im Korridor eines „attraktiven" oder „unattraktiven" Gesprächspartners befindet. Zweck dieses Wettbewerbs ist es, das eigene Profil hervorzuheben und es mit dem des anderen abzugleichen, um den eigenen Stellenwert in dieser Beziehung festzustellen.

Bei einer erheblichen Diskrepanz dieser subjektiven Bewertungen entsteht ein Beziehungskonflikt, der sich in den Einwänden spiegelt, die der Kunde vorbringt. Seine Einwände sind mithin ein Zeichen dafür, dass er nach der Auflösung dieser Beziehung strebt – sofern Sie es nicht schaffen, die Beziehung auf eine Ebene zu entwickeln, auf der Sie sich beide als gleichberechtigte Partner verstehen können. Gelingt Ihnen dies, entfällt der Antrieb für Ihren Kunden, Einwände – also Profilierungsversuche im Beziehungskonflikt – zu formulieren.

No Small Talk!

Ein Telefonverkäufer, der diese Funktion der Kundeneinwände kennt, baut eine positive Kundenbeziehung auf, indem er das Profil des Partners akzeptiert und ihm zeigt, dass er ihn wertschätzt. Darum sollten Sie den Kunden auch nicht im belanglosen Small Talk zutexten, sondern ihm die Möglichkeit geben, seinen Profilierungsdrang auszuleben.

In den meisten Verkaufsleitfäden wird der Small Talk als Eisbrecher empfohlen, dabei jedoch übersehen, dass der Telefonverkäufer so gleich versucht, die Gesprächsführung an sich zu reißen. Es ist paradox: Gerade der Small Talk kann der Anfang vom Ende einer vertrauensvollen Beziehung sein!

Verfallen Sie zudem dem Irrglauben, möglichst viel über Ihre Produkte erzählen zu müssen, wird der Kunde vollends zur Passivität verdammt – er fühlt sich unwohl, sein Profilierungsdruck steigt weiter und entlädt sich in unangenehmen Fragen und Einwänden. Denn darin sieht er die einzige Möglichkeit, Ihnen gegenüber seinen Status aufzuwerten.

Was aber tun viele Telefonverkäufer? Sie glauben, immer noch auf der Sachebene mit dem Kunden zu kommunizieren, und fahren das Geschütz ihrer in Trainings erworbenen Einwandbehandlungstechniken auf – und erhöhen so den Darstellungsdruck auf den Kunden. Selbst wenn dieser dem Telefonverkäufer zunächst noch wohlwollend begegnet ist: Durch die Überfrachtung mit Produktinformationen und die unzureichende Reflexion der Kundenbedürfnisse nach Selbstdarstellung provoziert der Telefonverkäufer Widerstände, die ihm als Einwände und als massive Vorbehalte begegnen. Es ist wiederum paradox: Der Wunsch des Telefonverkäufers, umfassend zu informieren, zerstört die Beziehungsebene zum Kunden vollends – ohne dass er dies bemerkt.

▶ **Praxis-Tipp: Beachten Sie die Psychologie am Telefon** Sie müssen Fragen stellen, die Ihr echtes persönliches Interesse am Kunden erkennen lassen und die ihm die Möglichkeit geben, sich Ihnen gegenüber zu profilieren. „Du bist kompetent und weißt, was Du willst, und ich möchte Dir Gelegenheit geben, Dich auch weiterhin zu profilieren“ – so die psychologische Grundhaltung, die Sie gegenüber Ihrem Telefonkunden bekunden sollten.

Einwände sind Wegweiser zum Erfolg

Der angemessene Umgang mit Einwänden setzt voraus, dass Sie erkennen, was sich hinter ihnen verbirgt. Die psychologische Dimension haben wir soeben besprochen. Aber Einwände sind noch viel mehr – sie signalisieren Ihnen einen Kunden-Halt:

- „Lieber Verkäufer: Noch haben mich das Produkt und Ihre Argumentation nicht voll überzeugt.
- Noch fehlen mir Informationen und Beweise.
- Noch mangelt es an Vertrauen (zu Ihrer Firma, zum Produkt, zum Telefonverkäufer).
- Noch ist die angebotene Problemlösung nicht maßgeschneidert.
- Noch fühle ich mich als Kunde etwas hilflos und im Stich gelassen.
- Noch verspüre ich keine große ‚Kauflust'.
- Noch passt mir persönlich ‚dies oder jenes' (aus Geltungsbedürfnis, Empfindlichkeit) nicht.
- Noch ist unser Gespräch mehr ein Verkäufer-Monolog als ein Dialog."

Das Wörtchen „noch" soll dabei deutlich machen: „Noch" ist überhaupt nichts verloren! Noch sind alle Chancen für einen Abschluss gegeben. Denn Einwände in einem Verkaufsgespräch sind normal. Sie drücken den (Entscheidungs-)Konflikt des Kunden aus, den er gerade austrägt. Hinzu kommt:

Einwände drücken die kritisch-rationale Auseinandersetzung des Kunden mit Ihrer Argumentation aus.

- Mit jedem Einwand signalisiert der Kunde Interesse.
- Den aktiven Dialogbeitrag des Kunden sollten Sie annehmen und für eine entsprechende Argumentation nutzen.
- Einwände sind ein Bestandteil fast jeden Verkaufsgespräches. Selbst wenn Sie es so empfinden: Einwände sind nicht gegen Ihre Person als Verkäufer gerichtet.

▶ **Praxis-Tipp: Ordnen Sie den Einwand richtig ein**

- In unwichtigen oder unbedeutenden Dingen, die den weiteren Gesprächsablauf nicht stören oder negativ

beeinflussen, kommen Sie am schnellsten und besten weiter, wenn Sie dem Kunden einfach recht geben.
- Fühlen Sie sich durch einen Einwand nie persönlich angegriffen. Viele Einwände werden aus taktischen Gründen geäußert – Ihr Kunde will etwas anderes erreichen.

Die verschiedenen Einwandarten – und wie Sie sie erkennen

Oft ist ein Einwand nur ein Vorwand: Während ein Einwand ein ernsthafter Diskussionsbeitrag des Kunden zum Verkaufsgespräch ist, stellt der Vorwand nur einen vorgeschobenen Einwand, einen scheinbaren Einwand dar. Nach einem entkräfteten Vorwand errichtet der Kunde oft eine weitere „Wand“, hinter der er sich und seine wahre Meinung verstecken kann. Darum ist es wichtig, dass Sie die Vorwände erkennen und klassifizieren können, um Gegenmaßnahmen einzuleiten.

Vorurteile und vorgefasste Meinungen überhören

Diese Einwände resultieren meistens aus persönlichen, subjektiv und emotional gefärbten Ansichten. Oft lohnt sich die Anstrengung nicht, den Kunden von seiner Meinung abzubringen. Dann ist es vernünftig, den Einwand zu überhören und in der eigenen Argumentation weiterzufahren oder nur kurz darauf einzugehen, um das Gespräch schließlich weiter voranzutreiben. Verkneifen Sie sich jede weitere Vertiefung. Es ist töricht, sich in Kundeneinwände dieser Art zu verbeißen, wenn Sie keinen Einfluss auf den Gesprächsausgang nehmen können.

„Stumme" Einwände ansprechen

Wer verärgert oder enttäuscht ist, ohne es zu artikulieren, mit dem ist immer schwer umzugehen. Negative Kundengefühle und unausgesprochene, mithin „stumme" Einwände, die im Verborgenen blühen, wachsen und gedeihen, können gefährlich für Sie werden, wenn Sie keine Gelegenheit haben, sie kennen zu lernen und sich damit auseinanderzusetzen.

Es gibt zahlreiche Gründe, warum der Kunde stumme Einwände hat:

- Der Telefonverkäufer redet zu viel. Der Kunde kommt nicht zu Wort und baut allein schon dadurch Einwände auf.
- Der Verkäufer übertreibt in seiner Argumentation und Gesprächsführung.
- Er stellt unbewiesene Behauptungen auf.
- Der Kunde „versteht" nicht, was der Verkäufer sagt. Er und der Telefonkunde senden und empfangen nicht auf derselben Wellenlänge.
- Der Kunde misstraut der Firma und dem Telefonverkäufer.
- Der Verkäufer löst die stummen Einwände durch sein Verhalten aus: durch Oberflächlichkeit, Arroganz, Lässigkeit, Unvorbereitet sein oder Unaufmerksamkeit.

▶ **Praxis-Tipp: Thematisieren Sie den stummen Einwand**

- Sobald Sie vermuten, dass stumme Einwände vorhanden sind, sollten Sie dies direkt und konkret ansprechen: „Irgendeinen Einwand tragen Sie noch mit sich herum, das fühle ich, Herr Kunde. Bitte, sagen Sie mir, worum es geht!" Oder: „Darf ich es einmal salopp formulieren, Herr Kunde? Meine Nase verrät mir, es gibt noch irgendetwas, das Ihnen nicht passt. Was ist es denn?"
- Sollte der Kunde wider Erwarten verneinen, dass er einen Einwand hat, haben Sie einen guten Grund, einen ersten Abschlussversuch zu starten: „Wenn Sie

keine Fragen mehr haben – wunderbar. Darf ich noch mal abschließend für Ihre endgültige Entscheidung zusammenfassen…" Dann folgen die wichtigsten Nutzenargumente.

Emotionalen Einwänden mit Sachlichkeit oder Humor begegnen

Gefühlsbetonte Einwände können ihren Ursprung im (zu) starken Geltungsbedürfnis des Kunden haben, in seinem Prestige-Denken, in seiner Launenhaftigkeit oder Egozentrik. Oder sie resultieren aus einem latent vorhandenen Widerspruchsgeist und Eigensinn. Sie können aber genauso Ausdruck der Hilflosigkeit des Kunden sein, der das Gefühl hat, sich Ihnen gegenüber wehren zu müssen.

Äußert Ihr Kunde emotionale Einwände, sollten Sie ihm zumindest Verständnis entgegenbringen. Noch besser ist es, sich deutlich zurückzunehmen! Das bedeutet aber keinesfalls, sich dem Kunden andächtig zu unterwerfen. Aber Sie sollten sich auch nicht als Supermann, Alleswisser und Alleskönner präsentieren.

▶ **Praxis-Tipp: Ein Patentrezept gibt es nicht**

- Zuweilen ist es richtig, die emotionalen Einwände einfach zu überhören.
- Auf keinen Fall sollten Sie beleidigt, sarkastisch oder überempfindlich reagieren.
- Respektieren Sie die Gefühle des Kunden als Tatsache, befreien Sie ihn aus dem „psychologischen Nebel", indem Sie das Gespräch wieder versachlichen. Oder Sie nutzen Ihren Humor als „freundliche Waffe": Nicht umsonst heißt es „mit entwaffnender Liebenswürdigkeit".

Subjektive Einwände mit kundenorientiertem Nutzen kontern

Wenn der Kunde äußert: „Das Produkt ist an sich in Ordnung, aber wir können es nicht einsetzen“ oder meint: „Ihre gesammelten Erfahrungen sind auf unsere Verhältnisse nicht so einfach zu übertragen“ bleibt Ihnen oft nichts anderes übrig, als diesen Einwand zu akzeptieren. Denn der Kunde liefert Ihnen keine sachliche Begründung, auf die Sie konkret eingehen können.

Lassen Sie sich nicht entmutigen: Die Vorbehalte und Einwände des Kunden sind oft auf die Tatsache zurückzuführen, dass Sie sich noch nicht intensiv genug mit der wirklichen Kundenproblematik beschäftigt haben. Die Folge: Der Kunde zweifelt an Ihrer Fach- und Sachkompetenz.

Alles, was Sie dem Kunden an Nutzenargumenten und Vorteilen präsentieren, muss genau an seinen Bedürfnissen und Wünschen orientiert sein. Objektbesichtigungen, Kundenreferenzen und Empfehlungsschreiben sollten exakt das Kundenproblem treffen. Dieses Prinzip gilt natürlich immer, muss aber, sobald Ihnen subjektive Einwände begegnen, im Mittelpunkt Ihres Telefonats stehen. Deshalb sind sorgfältige Problemrecherchen und Analysen im Vorfeld des Telefongesprächs notwendig.

▶ **Praxis-Tipp: Stellen Sie eine Fragen-Checkliste zusammen** Welche Fragen (öffnende Fragen: Wer-, Was-, Wann-, Wie-, Wo-, Wen- und Warum-Fragen) und Schlüsselfragen, die das Problem von Anfang an einkreisen und lokalisieren, müssen an den Kunden gestellt werden, um seine Bedürfnisse herauszufiltern?

Wenn der Kunde unrecht hat

Kunden haben oft Einwände, von deren Richtigkeit sie überzeugt sind, obwohl sie nach Ihrem Kenntnisstand eindeutig falsch oder unzutreffend sind. Und darum wäre es ein Leichtes für Sie, diese Einwände zu widerlegen. Allerdings besteht die Gefahr, dass Sie dann die Diskussion zwar gewinnen, aber die Chancen für den Auftrag drastisch mindern.

Sollte die Argumentation des Kunden einmal nicht stimmig sein, ist es manchmal sinnvoller, diesen Einwand zurückzustellen oder gar nicht näher darauf einzugehen.

Ist das Ausräumen dieses Einwandes jedoch erforderlich, um den Auftrag zu erhalten, sollten Sie mit folgenden Formulierungen arbeiten:

- „Ich kann Ihre Argumentation durchaus verstehen, Frau Kundin. Berücksichtigt man allerdings einen weiteren Aspekt, dann…"
- „Das hat eine ganze Menge für sich, was Sie sagen. Zusätzlich sollten Sie berücksichtigen…"
- „Das, was Sie sagen, ist verständlich und nachvollziehbar. Einen weiteren Aspekt sollten wir noch diskutieren, nämlich…"

▶ **Praxis-Tipp: Beantworten Sie sachliche Einwände sachlich**

- Am einfachsten haben Sie es bei sachlichen Einwänden. Sie verlangen nach sachlichen Antworten. Jetzt können Sie Ihre Kompetenz unter Beweis stellen und die Vorteile Ihres Angebots gegenüber dem der Konkurrenz aufzeigen.
- Ob Sie den sachlichen Einwand sofort entkräften, also während des Telefonats, oder nachher, etwa per Mail, Fax oder Brief, hängt davon ab, welche Argumente Sie vortragen wollen. Denn vielleicht wollen Sie dem Kunden eine Statistik faxen oder eine Referenzliste mailen.

Der Standardeinwand als spannende Herausforderung

Bevor wir auf die Kundeneinwände eingehen, die auch Sie wohl am häufigsten zu hören bekommen, möchten wir Sie auf die folgenden grundsätzlichen Aspekte der Einwandbehandlung hinweisen:

1. Beantworten Sie Einwände niemals sofort mit einer Gegenargumentation. Denn daraus kann sehr schnell ein Streit entstehen. Der Kunde geht von der prinzipiellen Ablehnung seiner Meinung durch Sie aus und ist deshalb besonders kritisch eingestellt.
2. Halten Sie den Einwand und Ihre Einwandbehandlung auf jeden Fall schriftlich fest. So haben Sie die Chance, nach dem Kundengespräch nochmals in Ruhe Ihre Antwort zu überdenken und möglicherweise zu verbessern.
3. Beachten Sie bei der Einwandbehandlung immer:
   - Hören Sie zu und lassen Sie den Kunden immer ausreden.
   - Versuchen Sie, den Hintergründen für den Einwand auf die Spur zu kommen.
   - Akzeptieren Sie die Bedenken des Kunden und stellen Sie sich zwei Fragen. Erstens: „Kann ich ein neues Angebot machen, das die Bedenken des Kunden berücksichtigt?“ Zweitens: „Wenn dies nicht möglich ist: Was kann ich vorbringen, um die Gründe des Kunden zu entkräften?“

Standardeinwände sind Äußerungen der Gesprächspartner, die immer wieder von ihnen ins Feld geführt werden – und das bereits seit zig Jahren. Es ist also immer wieder dieselbe Leier – und das ist gerade die Gefahr, die dem Verkäufer am Telefon droht. Kaum hat er den Einwand vernommen, denkt er. „Oh nein, nicht schon wieder!“ Die Konzentration lässt nach, Routine macht sich breit. Seien Sie also gut vorbereitet und erleben Sie den Einwand jedes Mal aufs Neue als spannende Herausforderung.

„Schicken Sie mir Unterlagen – auf Wiederhören!"

Dies ist eine klare Ansage durch den Kunden. Die Leitung ist unterbrochen, und die Aussicht, es noch einmal zu versuchen, finden wir bei diesem Einwand alles andere als prickelnd. Wenn er noch in der Leitung wäre, könnten Sie ja noch das Folgende sagen: „Was in den Unterlagen steht, ist sicher nützlich. Die Fragen, die sich dabei für Ihre Anwendungen speziell stellen, beantworten die Unterlagen allerdings nicht. Deshalb schlage ich vor, dass wir die wesentlichen Punkte gleich jetzt miteinander erörtern…"

> **Praxis-Tipp: Nutzen Sie alle Kommunikationskanäle** Denken Sie an das Internet. Weshalb nicht gleich während des Telefonats dem Gesprächspartner eine Online-Präsentation anbieten!

In unserem Beispiel aber hat der Gesprächspartner leider aufgelegt, und nun stellt sich die Frage, wie Sie mit der Situation umgehen. Üblich ist, dass die Unterlagen mit einem Anschreiben verschickt werden. Nur: Der Gesprächspartner kann sich zumeist nicht mehr an das Telefonat erinnern. Er öffnet Ihren Brief und legt die Unterlagen unter der „Ablage P" ab. Damit Ihr Gesprächspartner neugierig wird und die Unterlagen auch anschaut, empfehlen wir folgende Vorgehensweise:

- Schreiben Sie auf ein Post-It-Zettel mit lesbarer Schrift: „Sehr geehrter (lieber) Herr Kunde, die Informationen in dieser Broschüre sind wichtig für Sie. Beachten Sie besonders die markierten Stellen auf Seite… Mit freundlichen Grüßen (Unterschrift mit Vor- und Zuname – dies ebenfalls gut lesbar)." Das Schreiben sollten Sie möglichst in blauer Tinte verfassen.
- Auf der markierten Seite (mit einer Leselasche) in der Broschüre haben Sie ein paar Informationen mit Leuchtstift hervorgehoben. Ein weiterer Post-It-Zettel klebt auf dieser Seite: „Diese Informationen könnten wichtig für Sie sein. Bitte rufen Sie mich an… Mit freundlichen Grüßen (Unterschrift mit Vor- und Zuname)."

Nun ist es zumindest wahrscheinlicher, dass Ihr Gesprächspartner Sie und Ihre Broschüre wahrnimmt.

„Das ist mir zu teuer!"

Zu diesem Einwand wurden schon ganze Bücher geschrieben. Er scheint auch für den Telefonverkäufer die größte Hürde zu sein. Überlegen wir einmal, was hinter dem Einwand stecken könnte. Der Kunde

- hat – und das ist das Nächstliegende – den Wert des Produkts und seinen Nutzen noch nicht erkannt.
- erkennt die Qualität des Produktes und die mit ihr verbundenen Kosten nicht.
- hat keinen Überblick über die einschlägigen Preise. Er kennt den Markt nicht.
- vergleicht den Preis mit dem Preis eines anderen, erheblich weniger leistungsfähigen Konkurrenzprodukts.
- ist an ein Budget gebunden. Der Preis sprengt die Grenzen seiner Möglichkeiten.
- muss den Preis einem Vorgesetzten gegenüber rechtfertigen, und da sieht er Schwierigkeiten.
- ist im Moment knapp bei Kasse. Er kann sich den Kauf zur Zeit wirklich nicht leisten.
- hat Einkommens- und Vermögensverhältnisse, die ihm den Kauf des Produkts nicht gestatten.

Natürlich kann dieser Einwand ein taktischer sein. Der Kunde weist grundsätzlich jeden Preis erst einmal zurück, weil er

- Geld sparen will und die Erfahrung gemacht hat, dass sich Feilschen lohnt.
- an der fixen Idee leidet, dass jeder Preis überhöht ist und jede widerstandslose Akzeptanz auf eine Übervorteilung hinausläuft.

- einen Flankenangriff auf den Preis fährt, um einen ganz anderen Vorteil herauszuschinden (eine Alleinbelieferung zum Beispiel).
- ein Druckmittel gegen einen anderen Lieferanten braucht, bei dem zu kaufen er längst entschlossen ist.
- sich innerbetrieblich auszeichnen und seine Karriere fördern will.
- in einem preislichen Entgegenkommen des Verkäufers eine ihm zustehende „Verneigung" vor seinem Status sieht.
- den Ehrgeiz hat, stets billiger einzukaufen als seine Mitbewerber.
- das Preisgespräch als einen Wettkampf empfindet und er der „Sieger" sein möchte.

Ganz gleich, aus welchem Grund der Kunde das Argument äußert – als konkrete Erwiderung empfehlen wir: „Wie meinen Sie das?" – und dann schweigen Sie. Ihre Erwiderung muss so klingen, als hätten Sie diese Kundenäußerung gerade zum ersten Mal überhaupt gehört. Die Frage ist geeignet, dass Ihr Kunde Ihnen nun möglichst viele Informationen gibt. Durch diese Erwiderung eröffnen Sie sich die Chance, die wirklichen Gründe zu erfahren, die zu dem „zu teuer" führen.

Antwortet der Gesprächspartner zum Beispiel: „... weil Ihre Konkurrenz...", dann bleiben Sie am Ball. Stellen Sie weitere Fragen: „Wer ist das? Welchen Preis haben Sie da?"

Von Vorteil ist es natürlich, wenn Sie das Angebot, mit dem der Gesprächspartner Ihr Angebot vergleicht, einsehen könnten:

Also sagen Sie:	„So ein Preis? Nicht möglich!"
Darauf der Kunde:	„Doch! Habe ich doch vor mir liegen!"
Sie:	„Unglaublich!"
Er:	„Doch!"
Sie:	„Wichtig ist für Sie, dass Sie Äpfel mit Äpfeln vergleichen. Gerade stehe ich am Fax – legen Sie doch das Angebot einfach drauf; meine Nummer ist..."

Das Ziel: Sie wirken so überzeugt davon, dem Kunden ein besseres Angebot unterbreiten zu können, dass dieser tatsächlich zum Faxgerät geht. Und schon haben Sie eine Grundlage, die Fallstricke des Konkurrenzangebotes zu entdecken und für Ihre Argumentation zu nutzen.

Praxis-Tipp: Tun Sie es!

- Die meisten Telefonverkäufer scheuen sich, diese Bitte zu äußern, denn sie vermuten, dass der Kunde nicht bereit sein wird, das Angebot zu faxen. Aber im Verkauf gilt ein Grundgesetz:
- Wenn Sie etwas nicht tun, haben Sie absolute Sicherheit. Nämlich die Sicherheit, nie zu erfahren, wie Ihr Kunde reagiert.
- Wenn Sie es allerdings tun, leben Sie in höchster Unsicherheit. Denn nun könnte es sein, dass der Kunde anders handelt, als Sie es sich gedacht haben.
- Also tun Sie es!

„Ich rufe Sie zurück!"

Auf die Einlösung dieses Versprechen warten unzählige Telefonverkäufer. Behalten Sie die Initiative. „Danke für Ihren Vorschlag. Falls Sie mich nicht erreichen sollten, versuche ich es einfach von mir aus noch einmal, ist das in Ordnung?" Dadurch erhalten Sie vom Gesprächspartner wahrscheinlich grünes Licht, und Sie können von sich aus wieder auf ihn zugehen und ihn anrufen. Ist das nicht zu aufdringlich? Keinesfalls. Denn auch im Telefonverkauf gilt: *Höfliche* Hartnäckigkeit hilft!

„Ich bin mit unserem derzeitigen Lieferanten zufrieden!“

Das muss Sie nicht wirklich erstaunen. Denn wie soll ein Hersteller produzieren, wenn er nicht über einen zumindest einigermaßen zufriedenstellenden Lieferanten verfügt. Lassen Sie sich durch diesen Einwand also nicht entmutigen. Denn häufig äußert sich in ihm der Bedarfskonflikt des Gesprächspartners. Er möchte ja alles so lassen, wie es ist. Ein wenig träge sind wir ja wohl alle. Wenn Sie mit diesem Kunden ins Gespräch kommen wollen, sollten Sie die folgende Strategie fahren:

- Sie steigen in die Bedarfsermittlung ein, ohne dass es der Gesprächspartner bemerkt. Die Einleitung hierzu lautet: „Dies höre ich sonst nur von *unseren* Kunden. Wer ist denn Ihr Lieferant?… Und was macht Sie so zufrieden?“
- Jetzt kommt Ihr Gesprächspartner ins Reden. Sie fragen immer weiter nach. Schließlich fassen Sie die Punkte zusammen und fragen zurück, ob Sie alles richtig verstanden haben. Dann sagen Sie: „Angenommen, wir erfüllen Ihnen das ebenso und noch ein kleines bisschen besser – sind wir dann potenzielle Partner?“
- Lautet die Kundenantwort „Ja, ich denke schon“, dann sind Sie wieder am Zug: „Dann sollten wir unser Gespräch unbedingt vertiefen.“
- Sagt er „Nein“, dann fragen Sie einfach, was Sie außerdem noch alles tun müssen, um mit ihm ins Geschäft kommen zu können.

„Nein danke, ich habe kein Interesse!“

Der Gesprächspartner möchte Sie von vornherein abwimmeln. Lassen Sie es zu, dann sind Sie draußen. Also müssen Sie dran bleiben. Hinterfragen Sie den Einwand des Gesprächspartners: „Warum haben Sie kein Interesse?“ oder „Woran haben Sie dann Interesse?“

▶ **Praxis-Tipp: Wenden Sie die 7-Minuten-Taktik an** Sie sagen, dass das Gespräch lediglich sieben Minuten dauert und der Gesprächspartner dann entscheiden soll, ob er das Gespräch beenden oder fortführen will. Diese Technik verblüfft den Gesprächspartner immer wieder und eröffnet Ihnen die Möglichkeit, ins Gespräch zu kommen.

„Ich habe gerade überhaupt keine Zeit…"

Sie kennen Ihre Pappenheimer, die Sie immer wieder auf einen anderen Termin vertrösten. So schieben Sie ganz bestimmte Adressen wie eine Bugwelle vor sich her. Einmal ist es die Messevorbereitung, ein anderes Mal die Urlaubszeit, ein drittes Mal ist es ein anderer Grund, weswegen der Kunde keine Zeit für Sie hat. Verknüpfen Sie Ihre Angebote mit einem „Verfallsdatum": „Wir sind 14 Tage an das Angebot gebunden" – wenn der Kunde wirklich keine Zeit hat, aber doch Interesse, wird er reagieren.

▶ **Praxis-Tipp: Lassen Sie nicht locker** Fragen Sie, wann wohl ein besserer Zeitraum sei. Meistens nennen die Kunden dann einen Monat. Nun formulieren Sie: „Schön, dann halten wir doch einfach im… in der Woche… am… einfach einen Termin fest, um das Thema abschließend zu besprechen, in Ordnung?"

Verpacken Sie den Preis in Nutzen und Leistung

Der Preis ist das Thema, um das Sie einfach nicht herumkommen und das bei so gut wie jedem Verkaufsgespräch am Telefon angesprochen wird. Ohne den Preis zu nennen, wird man in den seltensten Fällen zu einem Abschluss kommen. Dabei gibt es Regeln – etwa: Eine bittere Medizin verabreicht man besser auf Zucker, damit sie besser zu schlucken ist. Nicht nur die Gesundheitspolitiker beherzigen dies und packen die unangenehmen Dinge in die Mitte ihrer Rede.

Gewöhnen Sie sich an, den Preis zu integrieren anstatt ihn zu isolieren. Thematisieren Sie ihn nicht erst zum Ende des Telefonats. Viele Telefonverkäufer legen vor und nach der Preisnennung eine Pause ein und lassen dem Preis so eine ungebührliche Bedeutung zukommen. Der Kunde wird geradezu darauf gestoßen, dass jetzt etwas ganz Unangenehmes zu besprechen ist. Besser ist: Stellen Sie den Preis selbstbewusst als einen Bestandteil unter vielen Ihres Angebots dar.

▶ **Praxis-Tipp: Lernen Sie von McDonald's** Verpacken Sie Ihren Preis in einen Preisburger: Sie sprechen über einen Nutzen und Vorteil, nennen dann den Preis, um schließlich in gleicher Sprechgeschwindigkeit für den Gesprächspartner einen weiteren konkreten Nutzen aufzuzeigen.

Und bedenken Sie: Kein Mensch kauft einen Preis. Ein Kunde kauft den Nutzen, den er sich durch den Kauf verspricht. Der Nutzen wiederum ist abhängig von dem Wert, den der Kunde dem Produkt oder der Dienstleistung beimisst. Wiegt der Preis den empfundenen Wert nicht auf, erklärt der Kunde den Preis als zu teuer und kauft nicht. Dabei ist nicht entscheidend, welchen Wert das (Verkaufs-)Objekt der Begierde tatsächlich hat, sondern welchen persönlichen Nutzen und Vorteil der Kunde sieht, wenn er es ersteht. Darum sollten Sie den Nutzen gestaffelt vorbringen und ihn dann, wenn der Kunde die Preisfrage äußert, erhöhen.

Nutzen Sie die Techniken der Preisverhandlung – doch erwarten Sie keine Wunder

Es gibt zahlreiche Methoden, wie Sie die Preisverhandlung erfolgreich führen können – wir wollen Ihnen einige vorstellen:

- Optische Verkleinerung: Sie erwähnen nicht den absoluten Preis für die übliche Menge, sondern den „freundlicher" erscheinenden Preis für eine kleinere Menge. Sind zum Beispiel Abnahmen in Tonnen- oder Tausendereinheiten üblich, nennen Sie die Kilogramm- oder die Stückpreise. Damit verwandt ist die
- Zerlegungsmethode: Sie zerlegen die angebotene Gesamtleistung in Teilleistungen; Sie bringen dann lediglich die für sich jeweils relativ „freundlicher" erscheinenden Teilpreise zur Sprache. Der Gesamtpreis bleibt möglichst ungenannt.
- Semantische (=sprachliche) Verkleinerung: In Verbindung mit den Worten „nur", „lediglich", „nicht mehr als" sprechen Sie von Gelegenheits-, Nimm mit-, Sonder-, Spar- oder Tiefstpreis.
- Vergleichsmethode: Der Preis wird gegen erheblich teurere Varianten gestellt und erscheint dadurch nicht mehr so hoch.
- Subtraktionsmethode: Diese Methode bietet sich zum Beispiel bei der Inzahlungnahme von Altgeräten an. Kostet ein Neugerät 1 880 € und wird ein Altgerät mit 400 € in Zahlung genommen, sprechen Sie von nur noch 1 480 €.
- Kompensationsmethode: Sie zählen alle positiven Aspekte der angebotenen Leistung und jeden Kundennutzen detailliert auf, um den hohen Preis zu kompensieren.

▶ **Weitere Praxis-Tipps für das Preisgespräch**

- Zeigen Sie stets Selbstsicherheit und Stärke.
- Betrachten Sie die Preisverhandlung als eine „Selbstverständlichkeit" – sie gehört zum Verkaufsgespräch wie das Salz zur Suppe.
- Lassen Sie sich nicht vom Kunden bluffen.
- Stellen Sie nicht den Preis in den Mittelpunkt, sondern die Argumentation.
- Nennen Sie den Preis erst, nachdem Sie den Kundennutzen klar beschrieben haben.

Wenden Sie die richtige Abschlusstechnik an

Die kundenorientierten Nutzenargumente sind genannt, das Vertrauen des Kunden ist gewonnen, das Angebot kommuniziert, der Abschluss so gut wie in der Tasche. Doch dann passiert in vielen Telefonaten das Unerwartete: Der Telefonverkäufer wird nervös, verliert den roten Faden, erinnert sich plötzlich an Situationen, in denen ein sicher geglaubter Abschluss doch noch scheiterte.

Just in dem Moment, in dem die Denkfähigkeit des Verkäufers am nötigsten gebraucht wird, um souverän und besonnen den Abschluss herbeizuführen, versagt sie. Und auch der Kunde wirkt nun angespannt, will die Vor- und Nachteile nochmals auf die Entscheidungswaage legen und den Kauf in Ruhe überdenken: „Jetzt bloß nicht festlegen, lieber eine Nacht darüber schlafen. Die wollen was von mir und werden schon noch einmal anrufen.“

Merkwürdigerweise haben gerade gut ausgebildete und qualifizierte Verkäufer eine seltsame Abschlussscheu. Sie fühlen sich unsicher oder verpassen den richtigen Zeitpunkt, den Kunden nach dem Auftrag zu fragen. In knapp zwei Drittel aller Gespräche versäumt es der Verkäufer, die Abschlussfrage an den Kunden zu richten.

Nehmen Sie den Druck aus dem Gespräch

Viele Verkäufer haben Angst, durch ein „Nein“ die positive Gesprächsatmosphäre zu zerstören oder eine Ablehnung zu erhalten. Sie fühlen sich unsicher und vermeiden es daher, den Kunden direkt und ohne Ausflüchte nach dem Abschluss zu fragen. Wie können Sie dem Kunden trotzdem helfen, seine Entscheidung *hier und heute* zu treffen? Zunächst einmal sollten Sie sich von dem Druck befreien, unbedingt zum Abschluss gelangen zu müssen:

Stellen Sie nicht den schnellen Abschluss in den Fokus. Machen Sie sich klar, dass es auch darum geht, eine gute und vertrauensvolle Beziehung zum Kunden herzustellen. Selbst wenn er nicht abschließt, der Beziehungsaufbau jedoch gelingt, ist vielleicht ein zukünftiger Kunde gewonnen. Denn wenn er den Eindruck gewinnt, Sie wollten ihn kundenorientiert beraten, wird er Sie in guter Erinnerung behalten. Und dann klappt es beim nächsten Mal.

Die Frage nach dem Abschluss ist eine Frage wie jede andere, die der Kunde mit einem „Ja" oder „Nein" beantworten kann. Und wenn die Antwort negativ ausfällt: Dies ist kein Misserfolg, keine Abwertung Ihrer Person. Es ist einfach ein erreichtes Resultat, aus dem Sie Ihre Konsequenzen ziehen sollten, zum Beispiel die, Ihre Einwandbehandlung zu verbessern.

► **Praxis-Tipp: Verlieren Sie nicht den Mut** Es gibt keine Abschlusstechnik, mit der Sie jedes Verkaufsgespräch erfolgreich abschließen können. Es gibt aber Techniken und Methoden, mit denen Sie Ihren Kunden erfolgreich auf den Weg zum Auftrag führen.

Führen Sie mit der Ja-Technik zum Abschluss

Betrachten Sie es als Selbstverständlichkeit, dass der Kunde den Auftrag erteilt. Fragen Sie nur nach den für den Kunden als wichtig erkannten Tatsachen oder positiven Teilentscheidungen. Stellen Sie Fragen, die der Kunde grundsätzlich nur mit „Ja" beantworten kann – etwa, ob er folgende Vorteile nutzen will:

- einfache Bedienung,
- Vier-Stunden-Service,
- termingerechte Lieferung,
- Inzahlungnahme des Altgeräts,
- Finanzierung über Leasing.

Dann klären Sie, ob noch Fragen offen sind, und bitten um die Bestätigung Ihrer Nutzenargumente. Ist der Kunde auch zu diesem „Ja" bereit, ist für Sie der Zeitpunkt gekommen, ihn um den Auftrag zu bitten oder eine zum Abschluss führende Frage zu stellen: „Wir haben nun alles besprochen. Welche der Alternativlösungen wünschen Sie?“ Die direkte Abschlussfrage muss etwas Selbstverständliches, Normales und Logisches sein.

Nutzen Sie die Gelegenheitstechnik

Verkaufen Sie Ihr Angebot als einmalige Gelegenheit, die der Kunde unbedingt wahrnehmen sollte. Machen Sie das Angebot „dringend“, indem Sie

- es als befristetes Sonderangebot deklarieren, mit dem er Geld spart, oder
- die Argumentation mit einer Sondervereinbarung verknüpfen, die bereits ausgelaufen ist. Voraussetzung: Der Kunde erteilt den Auftrag noch heute: „Treffen Sie noch heute Ihre Entscheidung, dann sparen Sie mit dieser Sonderregelung…“

Führen Sie Teilentscheidungen herbei

Viele Ihrer Kunden neigen dazu, eine direkte Abschlussfrage mit Argumenten wie „Das müssen wir noch prüfen“ oder „So schnell entscheiden wir nicht“ zu beantworten. Diese Kunden scheuen sich aus Prinzip davor, eine unmittelbare Kaufentscheidung zu treffen.

Auf der anderen Seite gibt es Verkäufer, die noch unsicher sind, ob der Kunde bereits das richtige Wertgefühl für ihr Angebot entwickelt hat, ob er reif ist für die Abschlussfrage. Sie haben Angst, durch ein „Nein“ den positiven Verlauf des Verkaufsgesprächs zu stören und den Kunden in eine Rechtfertigungs- oder Verteidigungshaltung zu manövrieren.

Wie können Sie in dieser Phase des Gesprächs Ihren Kunden sicher zu einem Kaufentschluss führen, ohne dass er sich gedrängt oder unter Druck gesetzt fühlt? Indem Sie Teilentscheidungen herbeiführen! Ihre Fragen zielen dabei nach relativ nebensächlichen Merkmalen Ihres Angebots. Sie besprechen Details und Einzelheiten, die mit dem unmittelbaren Kaufabschluss nicht in direkter Verbindung stehen – etwa Fragen nach:

- Vertragsbedingungen,
- Service und Wartung,
- Lieferzeit,
- Ausführung,
- Zusatzgeräten,
- Rechnungslegung und
- Ersatzteilversorgung und Garantie.

Bezogen auf diese Bereiche führen Sie dann Teilentscheidungen herbei: „Ihnen ist es also recht, wenn wir monatlich die Menge… liefern…. Gut, ich kann Ihnen dann zusichern, dass die Rechnung immer um den 15. herum kommt." Der Kunde stellt sich so unbewusst auf die Situation nach dem Abschluss des Auftrags ein.

Setzen Sie dann behutsam Teilentscheidung nach Teilentscheidung, bis schließlich das Ganze, nämlich der Auftrag, abschlussreif ist. Weiterer Vorteil: Das „Nein" zu einer Teilentscheidungsfrage bezieht sich nur auf einen Bereich Ihrer Problemlösung – und nicht auf Ihr gesamtes Angebot.

▶ **Praxis-Tipp: Kombinieren Sie die Techniken miteinander** Fragen nach Teilentscheidungen sind kombinierbar mit anderen Abschlusstechniken – so mit der Annahmetechnik und der Alternativtechnik.

Die Annahme- und die Alternativtechnik

In der Abschlussphase hilft Ihnen die Annahmetechnik, auf Kundenseite das negative Gefühl zu vermeiden, dass Sie Druck erzeugen oder Zwang ausüben. Sie setzen den Abschluss voraus und geben Ihrem Partner dadurch Gelegenheit, auf Ihre Äußerungen positiv einzugehen:

- „Wenn Sie sich für dieses System entscheiden…"
- „Sofern Sie einer Zusammenarbeit zustimmen…"
- „Nehmen wir einmal an, dass Sie diese Problemlösung einsetzen…"

Der Kunde wird durch die hypothetische Annahme nicht zu sehr verpflichtet, Ihren Argumenten zuzustimmen oder den Auftrag zu erteilen. Er kann ohne Prestige- und Gesichtsverlust die Antwort überdenken und neu formulieren. Aber Sie führen ihn auf dem Weg zum Abschluss ein deutliches Stück weiter.

Bei der Alternativtechnik schließlich fragen Sie den Telefonkunden nach seiner Entscheidung, indem Sie ihm eine Alternative eröffnen. Der Kunde kann mithin zwischen zwei für ihn positiven Möglichkeiten wählen. Gerade in der Abschlussphase eignet sich diese Technik, um Teilentscheidungen zu erreichen.

Erkennen und nutzen Sie Kaufsignale

Wann nur ist der richtige Zeitpunkt gekommen, die Abschlussfrage zu stellen? „Wenn ich den Kunden jetzt frage, fühlt er sich dann nicht bedrängt?" Andererseits: „Wartet er nicht geradezu auf die Abschlussfrage, um sich entscheiden zu dürfen?"

Die Abschlussphase – nichts als reine Psychologie. Umso wichtiger ist es, dass Sie in der Lage sind, die Abschlussreife im Gespräch zu erkennen und zu nutzen. Zumeist sendet der Kunde Kaufsignale nach der Nutzenargumentation aus – jetzt heißt es, konzentriert auf folgende Signale zu achten:

- Der Kunde spricht über Themen, die erst nach der Entscheidung wichtig sind: „Wie sieht es eigentlich mit der (After-Sales-)Betreuung aus?"
- Er sichert die innerlich getroffene Entscheidung ab, indem er nach Referenzen fragt.
- Er beschäftigt sich mit Details und fragt nach Kündigungsmöglichkeiten, Dynamisierung, Tarifwechsel und Konditionen.
- Er formuliert Zustimmung und scheint sich mit dem Produkt zu identifizieren: „Das passt genau in unser..." oder „Weshalb sprechen Sie mich erst jetzt darauf an?"

Für den aufmerksamen Zuhörer ist an der Sprache des Kunden zu erkennen, ob er sich ernsthaft mit dem Kauf beschäftigt. Seine Fragen beginnen dann oft mit „Besteht die Möglichkeit...?", „Geht es auch, dass...?" oder W-Fragen (Wie, Wo, Wann). Auch bestimmte Aktivitäten des Kunden erlauben Rückschlüsse auf die Abschlussbereitschaft: „Ich schaue eben mal in meinem Terminkalender nach, ob der Liefertermin passt."

Falsch wäre es, den Kunden vor die Wahl zu stellen, „ob er oder ob er nicht". Sobald Sie die Abschlussbereitschaft festgestellt haben, sollten Sie besser eine Frage stellen, die ihn veranlasst, sich intensiv(er) mit dem Abschluss zu befassen – ein Beispiel: Der Kunde fragt: „Was kostet mich das?" Die richtige Antwort: „Das erhalten Sie für x Euro. Passt dies in Ihren finanziellen Rahmen?"

▶ **Praxis-Tipp: Vermeiden Sie das „Überverkaufen"** Wenn Sie die Kaufsignale nicht richtig beantworten oder überhören, besteht die Gefahr, dass das Interesse des Kunden sinkt. Gleichzeitig ergibt sich die Gefahr, dass Sie „überverkaufen", Sie also mit Vorteilen argumentieren, die der Kunde nicht mehr braucht und an denen er auch nicht mehr interessiert ist.

Überraschen Sie Ihren Kunden mit einem zweiten Anruf

Mit 08/15-Telefonaten lässt sich heutzutage kein Blumentopf mehr gewinnen. Überraschen Sie Ihren Gesprächspartner, indem Sie ungewöhnliche Wege gehen und zum Beispiel ganz bewusst den Gesprächsausstieg suchen: „Schade, wir scheinen heute nicht zusammenzukommen.“ Sie beenden das Telefonat – aber nur, um zwei, drei Minuten später wieder anzurufen.

Die Erfahrung aus unseren Telefontrainings zeigt: Der psychologisch überraschende „zweite Anruf“ führt öfter zu einem positiven Gesprächsverlauf, als gemeinhin angenommen wird. Natürlich ist es bequemer und vermeintlich sicherer, den ablehnenden Kunden Kunde sein zu lassen und zum nächsten Gesprächspartner auf der Anrufliste überzugehen. Aber der zweite Anruf führt häufig zum Ziel.

Dazu ein Beispiel: Der Kunde ist erstaunt. Da hat er dem Telefonverkäufer doch soeben deutlich zu verstehen gegeben, dass ihm das angebotene Produkt zu teuer ist – das Konkurrenzangebot ist viel günstiger. Und jetzt hat er die Chuzpe, kurz danach noch einmal anzurufen. Das widerspricht allen Gepflogenheiten! Auf der anderen Seite bewundert er den charmanten Mut des Verkäufers – das traut sich nicht jeder (zu). „Wenn der Verkäufer den Mut hat, die üblichen Verhaltensmuster zu durchbrechen, dann kann ich das auch“, so die unbewusste Reaktion des Kunden. Und so hört er ihm zu.

▶ **Praxis-Tipp: Begründen Sie Ihren zweiten Anruf** „Ich habe mir noch einmal Gedanken gemacht zu unserem ersten Gespräch eben – es kann nicht sein, dass wir nicht zusammenkommen! Wie genau sieht es denn mit dem Konkurrenzangebot aus?“

Das Beispiel zeigt: Oft lohnt es sich, aus den eingefahrenen Verhaltensmustern auszubrechen – Ihr Kunde ist dann ebenfalls bereit dazu. Ihr Kunde und Sie schwingen sich auf derselben Wellenlänge ein, nach dem Motto: „Es muss doch eine Einigung möglich sein!" Hinzu kommt: Sie können die Zeit zwischen den zwei Telefonaten nutzen, um sich aufgrund der Informationen, die Sie im ersten Gespräch erhalten haben, noch intensiver und zielorientierter vorzubereiten. Und Ihr Kunde ist dann so verdutzt angesichts dieser ungewöhnlichen Vorgehensweise, dass er seine unnachgiebige Haltung nicht durchhalten kann – und so kommt es vielleicht sogar zum Abschluss.

Kreative Telefonverkäufer und erfolgreiche Vertriebsorganisationen haben eines gemeinsam: Sie verlassen herkömmliche Denkbahnen, sind offen für neue Denkweisen und produzieren innovative Ideen am laufenden Band. Es herrscht eine Atmosphäre voller Spaß und Freude an der Entdeckung des Unbekannten. Geschäftsführung und Vertriebsführungskräfte lassen ihren Verkäufern den Spielraum, ihre Kreativität zu entfesseln, und schaffen die Rahmenbedingungen, die die Entfaltung auch des Querdenkertums ermöglichen.

▶ **Praxis-Tipp: Versetzen Sie Ihre Kunden in Erstaunen** Überlegen Sie, wo und wie Sie Ihre Telefonate „gegen den Strich bürsten" und unkonventionell-neue Wege beschreiten können.
Nutzen Sie die Strategie des „bewussten Gesprächsausstiegs und des zweiten Anrufs", um Ihre Gesprächspartner positiv zu schocken und zu überraschen.

Fazit

- Das Kerngespräch am Telefon lässt sich nicht bis ins kleinste Detail planen. Jedes Telefonat verläuft anders und nimmt oft überraschende Wendungen. Sie sollten aber zumindest: – die Fähigkeit des aktiven Zuhörens beherrschen,
  – über eine differenzierte Fragetechnik verfügen,
  – die kraftvolle Fragestrategie anwenden können,

  - Argumentationstechniken einsetzen, die die Selbstüberzeugung des Kunden fördern,
  - kreative Einwand- und Abschlusstechniken beherrschen.
- Immer gilt: Betrachten Sie jedes Telefonat als neue Herausforderung, der Sie mit Herz, Leidenschaft, Flexibilität und kreativem Einfallsreichtum begegnen. Der Mensch am anderen Ende der Leitung ist es wert, von Ihnen wie ein einzigartiges Individuum behandelt zu werden.

Test: Üben Sie die kraftvolle Fragestrategie im Rollenspiel ein

Bitten Sie einen Kollegen Ihres Vertrauens, mit Ihnen in einem Rollenspiel die kraftvolle Fragestrategie zu trainieren.

- Die Herausforderung: Sie sollen Ihrem Kollegen, also Ihrem Kunden, ein hochpreisiges Produkt verkaufen – bezogen auf die Branche, in der Sie tätig sind. Ihr „Kunde" überlegt sich zuvor, welche Ziele er verfolgt, welches Budget ihm zur Verfügung steht und welche Erwartungen er an das Gespräch knüpft. Von diesen Vorüberlegungen erfahren Sie nichts.
- Um das Rollenspiel einfacher zu gestalten, kann Ihr Kollege auch in die Rolle eines wirklichen Kunden schlüpfen, dessen Erwartungshorizont etc. er und Sie kennen.
- Überlegen Sie sich nun Situationsfragen, Problemfragen, Auswirkungsfragen und Nutzenfragen, die Sie schriftlich ausarbeiten.
- Danach führen Sie das Gespräch mit dem Kunden. Natürlich können Sie auch alle anderen Strategien und Techniken einsetzen, die Sie in diesem Kapitel und in diesem Buch kennen gelernt haben.
- Schließlich gibt es kritisch-produktives Feedback von Ihrem Kollegen.

Exkurs 2 Psychologie im Verkaufsgespräch

Das Verkaufsgespräch – oft ist es reine Psychologie. Bei der Einwandbehandlung etwa und in der Preisdiskussion schlagen die psychologischen Aspekte hohe Wellen. Wichtig ist, dass Sie anerkennen: In Ihren Telefonaten geht es nicht nur um Produkte und Dienstleistungen. Es geht auch um die Beziehung zwischen dem Kunden und Ihnen – und die Frage: „Wer ist der Stärkere?"

Machtkämpfe am Telefon

Zu Beginn eines Telefonats fixiert sich ein Machtcode, der die gesamte spätere Beziehung zwischen dem Kunden und Ihnen prägt. Das geheimnisvolle System der Machtstruktur formt sich immer nach demselben Muster: Denn das menschliche Handeln beim Kennenlernen und bei der Bewertung, ob der andere eher als sympathisch als unsympathisch empfunden wird, wird von archaischen Trieben gelenkt – auch wenn der Kunde und Sie glauben, Sie träfen Entscheidungen mit Ihrem Verstand oder Herzen.

In den ersten Sekunden taxieren wir den anderen und erahnen sofort dessen Stärken und Schwächen – und entscheiden somit, in welche Schublade der andere kommt. Während der Kennenlern-Phase beginnt ein unbewusstes Ringen um die künftige Machtverteilung, um das Profil und die Position, die die Beteiligten in der Beziehung einnehmen werden. Diese Regel gilt für jedes Verkaufsgespräch – und auch für Ihre Gespräche am Telefon, allerdings mit Einschränkungen, denn hier sind die Gesprächspartner auf ihre Stimme reduziert. Trotzdem: Stimmklang, Intonation und vor allem das Gesprächsverhalten dienen auch dazu, die Positionen innerhalb dieser Beziehung zu bestimmen und zu verteilen.

Allein dieses Wissen hilft Ihnen, die Beziehung zu Ihrem Telefonkunden zu verbessern. Denn nun können Sie seine Reaktionen und Äußerungen besser einschätzen und einordnen.

Praxis-Tipp: Beachten Sie Gefühle – und kontrollieren Sie sie

- Wenn Sie in der Lage sind, die sich anbahnende Kundenbeziehung nüchtern zu analysieren, können Sie Ihre Interessen besser durchsetzen. Wer sich dagegen von seinen Gefühlen berauschen lässt, läuft Gefahr, „über den Tisch gezogen“ zu werden.
- Drei Fragen entscheiden über die Struktur der Beziehung:
- Wer bestimmt, was als Nächstes passiert?
- Wer lenkt bei Konflikten eher ein?
- Wer durchschaut die Rituale und Machtspiele des Gegenübers und bewahrt damit seine Überlegenheitsrolle?

Den Kunden verstehen – und sich selbst

Gehören Sie auch zu den Verkäufern, die ein derartig skrupelloses Kalkül, solch ein Taktieren und Manipulieren weit von sich weisen? Und die uns – die Autoren – nun entsetzt fragen, wie eine solche Einstellung mit dem Ansatz dieses Buches zusammen passt, ein Verkaufsgespräch finde vor allem „von Mensch zu Mensch“ statt?

Dann antworten wir Ihnen: Telefonverkäufer, die glauben, die Beziehung zwischen einem Verkäufer und einem Kunden vollziehe sich ausschließlich in einem wohlgeordneten und gesitteten Rahmen, verschließen die Augen vor elementaren Grundlagen, die jedes Kundengespräch determinieren.

Ein Telefonverkäufer sollte sich eingestehen, dass Menschen um Macht kämpfen – nicht nur in Politik und Wirtschaft, häufig auch im Verkaufsgespräch am Telefon. Die Vorstellung, im Gespräch begegneten sich von Beginn an und ausschließlich gleichberechtigte Partner, die mit allen Mitteln bestrebt sind, eine Win-Win-Beziehung herzustellen, ist eine Fiktion. Verkauf lebt auch von Über- und Unterordnung und der relativen Machtausübung des Verkäufers, wobei der Andere ebenfalls versucht, diese Macht zu gewinnen und den Gesprächsverlauf zu steuern.

All dies mag man bedauern, aber so ist es nun einmal. Und darum sollten Sie sich mit dem folgenden Gedanken auseinandersetzen: Neben dem Aufbau der partnerschaftlichen Kundenbeziehung sollten Sie über die Option verfügen, die „Machtkarte" ziehen zu können: Mal streben Sie die Win-Win-Beziehung an, dann wieder begeben Sie sich in den Boxring und tragen den Machtkampf aus.

Übrigens: Für manche Kunden ist dies ein Spiel, das sie nicht missen wollen. Sie wollen sich geradezu mit Ihnen „handgreiflich"-verbal bekriegen.

Ihre Flexibilität ist gefragt

Seit einer Studie der Unternehmensberatung Infoteam Sales Process Consulting AG herrscht Uneinigkeit über die unabdingbaren Kompetenzen der Verkäufer. In der Studie wurde festgestellt: Die meisten Vertriebsorganisationen legen zu viel Wert auf die Sozialkompetenz ihrer Verkäufer und zu wenig auf Fachkompetenz, Branchenerfahrung und Beratungs-Know-how. Das Problem: Die Unternehmen wünschen es genau andersherum. „Soziale Kompetenz und kommunikative Fähigkeiten" rangieren in der Erwartungsliste der Unternehmen an sechster Stelle, bei den Vertriebsorganisationen an erster. Droht den Verkäufern der Umsatzeinbruch, weil sie zu „soft" vorgehen und darüber ihr eigentliches Geschäft vernachlässigen, nämlich das Verkaufen?

In den letzten Jahren hat sich im Vertrieb branchenübergreifend eine „weiche" und beratungsintensive Verkaufsphilosophie entwickelt. Die Grundidee: Das Produkt und die kundenorientierte Fachberatung lösen den Kaufimpuls aus. Die erwähnte Studie spricht eine andere Sprache: Demnach sind es gerade die Verkäufer mit Biss, die trotz schwieriger Rahmenbedingungen die Vertriebsziele erreichen und für das Überleben des Unternehmens am Markt sorgen. Die Berater hingegen gehen zu wenig zielorientiert vor und benötigen deshalb erheblich länger für einen Abschluss als die Top-Verkäufer.

In diesem Zusammenhang zitieren wir eine weitere Studie: In 2006 ergab eine Befragung der European Business School Reutlingen zu den Erfolgsfaktoren im Vertrieb, dass Spitzenverkäufer sich von durchschnittlichen Verkäufern vor allem dadurch unterscheiden, dass sie ehrlich zum Kunden sind. Überdurchschnittlich erfolgreiche Verkäufer verstehen es, aufgrund ihrer Persönlichkeitsstruktur eine persönliche Beziehung zum Kunden aufzubauen.

Welche Schlüsse müssen wir aus all dem ziehen? Falsch wäre es, den dominanten Hardseller, der den Kunden erbarmungslos über den Tisch zieht, als leuchtendes Vorbild zu glorifizieren. Ebenso falsch aber ist es, Fronten aufzubauen – dort der Verkäufer, der konsequent den Abschluss sucht, aber verbrannte Erde zurücklässt, hier der Berater, der den Beziehungsaufbau intensiv pflegt und ehrlich ist, jedoch den Auftrag nicht bekommt. Die naheliegende Lösung:

► **Praxis-Tipp: Gelangen Sie beratend und ehrlich zum Abschluss** Sie als Telefonverkäufer müssen über beide Optionen verfügen: Sie sind zur partnerschaftlichen Beratung in der Lage – und wollen den Abschluss.

Dafür spricht auch die schlichte Tatsache, dass jeder Kunde „anders" ist: Der eine möchte gleich zur Sache kommen und ins Verkaufsgespräch einsteigen, der andere braucht den erwärmenden und vertrauensbildenden Small Talk am Telefon. Der eine will sofort seine Vorteile genannt bekommen, der andere zuerst prüfen, ob Sie glaubwürdig sind. Das heißt in der Konsequenz: Sie müssen vor allem Menschenkenntnis besitzen, um erkennen können, mit welchem Kundentypus Sie es zu tun haben (lesen Sie dazu auch Kapitel 2).

Es führt kein Weg daran vorbei: Sie dürfen kein Softseller mit hoher Sozialkompetenz *oder* ein Hardseller mit ausgezeichneter Fachkompetenz und knallharter Abschlusstechnik sein – Sie müssen über beide Kompetenzen verfügen.

Praxis-Tipp: Bestehen Sie den Machtkampf erfolgreich

- Machen Sie sich keine Sorgen, wenn Ihr Gesprächspartner ab und zu ein Tauziehen beginnt. Ein Kräftemessen ist normal, solange eine positive Grundstimmung erhalten bleibt. Machtprozesse gehören zu einer lebendigen Kundenbeziehung.
- Wer unbedingt verkaufen muss, damit der Geldbeutel wieder einigermaßen gefüllt ist, befindet sich bei schwierigen Verhandlungen von Anfang an in der schlechteren Position.
- Achten Sie vor allem auf Machtkonstellationen, die bereits am Anfang die Beziehung prägen: Wer gibt nach?
- Offene Gespräche helfen, die Gedanken des Gesprächspartners zu verstehen und sich in diesen hineinversetzen zu können.
- Kämpfen Sie nicht gegen Ihren Partner, sondern mit sich selbst und um Ihre Ziele.

Konflikte lösen durch Profilierung

Weil Ihr Kunde und Sie in einem persönlichen Wettbewerb zueinander stehen, kann ein Konflikt ganz schnell zum Ende des Telefonats führen. Warum auch sollte der Kunde sich weiterhin mit jemandem beschäftigen, mit dem er über kurz oder lang in Streit gerät?

Wenn Sie das Gespräch trotzdem retten wollen, empfehlen wir Ihnen, den Konfrontationskurs zu beenden und darauf zu setzen, dass Sie Gemeinsamkeiten herstellen. Dabei geht es nicht darum, dass Sie sich profilieren – vielmehr geben Sie *Ihrem Gesprächspartner* Gelegenheit, sich zu profilieren. Am Telefon geht das am besten über die Sprache. Signalisieren Sie mit offenen Fragen: „Lieber Gesprächspartner, ich erkenne Dich an, ich akzeptiere auch, dass Du mir in gewissen Bereichen überlegen bist."

▶ **Praxis-Tipp: Fragen Sie im Machtkampf** Durch Fragen signalisieren Sie ein wenig Unterlegenheit und geben dem Gesprächspartner Gelegenheit, Profil zu zeigen und sich Ihnen gegenüber zu behaupten, ohne dass Sie sich verbiegen müssen.

Indem Sie Äußerungen Ihres Gesprächspartners spiegeln, zeigen Sie ihm, wie wertvoll (Ihnen) seine Gedanken und Ansichten sind. Dazu fassen Sie seine zentralen Aussagen in eigenen Worten zusammen. Formulieren Sie das, was Sie aufgenommen haben, als Frage oder als Aussage: „Ihnen ist es vor allem wichtig, dass der Arbeitsausfall so gering wie möglich gehalten wird."

Des Weiteren können Sie die stimmliche Grundhaltung Ihres Gesprächspartners aufnehmen und in Ihrer eigenen Stimme zum Ausdruck bringen. Dies gilt vor allem für Gemütsregungen wie Freude, Nähe, Distanz oder Enttäuschung: „Ich habe gemerkt, dass Sie das enttäuscht hat. Da hätten Sie sich von mir mehr Argumente gewünscht." So beweisen Sie dem Telefonkunden, dass Sie den Konflikt ausräumen wollen.

Fazit

- Telefonverkäufer müssen die Regeln und die Struktur der Machtspiele am Telefon kennen, auch, um nicht selbst in die Falle zu tappen.
- Sie sollten in der Lage sein, partnerschaftliche Beziehungen aufzubauen und den Machtkampf mit dem Kunden selbstbewusst zu bestreiten.
- Sorgen Sie dafür, dass Sie das Softselling und das Hardselling beherrschen und die entsprechenden Techniken kunden- und situationsangemessen einsetzen können.
- Lösen Sie Konflikte mit dem Kunden, indem Sie es ihm ermöglichen, sich Ihnen gegenüber zu profilieren und durchzusetzen.

- Sie benötigen die Kompetenz, die Machtspiele zu kontrollieren und zu Ihren Gunsten zu beeinflussen und andererseits kontrolliert und verantwortlich mit dem Einfluss umzugehen, den Sie auf andere Menschen ausüben.
- Wenn Sie diese Regeln beherzigen, schwingen Sie sich zum Regisseur und Gestalter des Verkaufsgesprächs auf.Machtkämpfe am Telefon

„Vielen Dank, dass ich Ihnen nutzen durfte – und empfehlen Sie mich weiter“: Der kundenorientierte Gesprächsabschluss

5

So mancher Telefonverkäufer behandelt den Gesprächsabschluss recht stiefmütterlich. „Der Kunde will den Auftrag doch“ oder „Na ja, vielleicht klappt's beim nächsten Kunden“ – gemeinsamer Nenner ist, dass dem Gesprächsabschluss keine größere Bedeutung beigemessen wird. Aber auch der letzte Eindruck ist wichtig.

Verabschieden Sie sich so, dass Sie im Gedächtnis bleiben

Über die Relevanz des ersten Eindrucks gibt es kaum unterschiedliche Meinungen, doch auch der letzte Eindruck bleibt. Machen Sie die Probe: Worüber denken Sie nach einem Telefonat am längsten nach? In den meisten Fällen ist der Gesamteindruck entscheidend, den Sie sich zu einem Gesprächspartner gebildet haben. Gleich danach aber sind es „die letzten“ Worte", die Verabschiedung, die im Gedächtnis haften bleiben – und oft auch den Gesamteindruck nachhaltig beeinflussen.

► **Praxis-Tipp: Planen Sie die Verabschiedung als Sahnehäubchen**

- Investieren Sie ordentlich Gedankenschmalz in die Verabschiedung des Gesprächspartners.

L. Stempfle, R. Zartmann, *Aktiv verkaufen am Telefon*,
DOI 10.1007/978-3-658-02990-6_5,

- Überlegen Sie sich mehrere knackige Formulierungen – und zwar abgestimmt auf die möglichen Gesprächsausgänge, etwa: Abschluss, Vereinbarung eines zweiten Telefonats, kein Abschluss.

Immer gilt: Beenden Sie das Gespräch nicht abrupt, nachdem Sie den Auftrag „in der Tasche" und alle für den Auftrag wesentlichen Informationen noch einmal abgeklärt haben. Der schnelle Ausstieg aus dem Verkaufsgespräch hinterlässt beim Gesprächspartner einen ungünstigen Eindruck: Er vermutet, Sie wollten lediglich den Auftrag. Natürlich – darum geht es Ihnen, aber denken Sie daran, dass auch der Aufbau der langfristigen und nachhaltigen Kundenbeziehung zu Ihren Zielen zählt.

Wirken Sie der kognitiven Dissonanz entgegen

Ihre Lösung und Ihr Unternehmen bringen den Gesprächspartner noch einmal ins Grübeln. Das Grübeln fällt dabei je nach Größe seines „finanziellen Schmerzes" unterschiedlich stark aus. Es entsteht eine Art Nachkauf-Reue, der Kunde distanziert sich von seiner eigenen Entscheidung, die Psychologen sprechen von einer „kognitiven Dissonanz".

Diese Dissonanz tritt unvermeidlich nach wichtigen Entscheidungen auf, weil der Gedanke „Ich wählte Alternative X" unvereinbar ist mit dem Gedanken „Es wäre mir mit der Alternative Y ein ganzes Stück besser gegangen". Viele Kunden reduzieren diese Dissonanz nun, indem sie ihre Vorliebe für die gewählte Alternative schmälern und die für die nicht gewählte vergrößern. Der Kunde wird unsicher, hinterfragt seine (Kauf-)Entscheidung – und revidiert sie zuweilen auch.

Sie als Telefonverkäufer können dieser Dissonanz entgegenwirken, indem Sie die Entscheidung des Gesprächspartners noch einmal bestärken und zum Beispiel mit dem Hinweis auf einen zufriedenen Kunden unterstreichen. Oder Sie setzen einen Handlungsimpuls, der nochmals zur Selbstüberzeugung des Kunden führt. „Was halten Sie davon, wenn wir in zwei Wochen telefonieren und besprechen, wie zufrieden Sie sind?"

Sprechen Sie Zusatzverkäufe an

Nutzen Sie den Gesprächsabschluss, um Zusatzverkäufe anzusprechen: Nach dem Verkaufsgespräch ist vor dem Verkaufsgespräch. Vereinbaren Sie mit dem Gesprächspartner, wie Sie nun in Zukunft miteinander in Kontakt bleiben wollen. Holen Sie sich dazu sein Einverständnis ein.

▶ **Praxis-Tipp: Verabschieden Sie den Gesprächspartner *immer* höflich und freundlich** Nennen Sie dabei noch einmal seinen Namen und bieten Sie sich für eventuell auftretende Fragen an. Sagen Sie dem Kunden zu, dass Sie ihm gleich jetzt eine Liste mit den Namen und Durchwahlnummern Ihrer Servicestellen durchfaxen oder per Mail zusenden.

Vergessen Sie die Weiterempfehlung und Referenz nicht

„Weshalb denn in die Ferne schweifen, wenn das Gute liegt so nah?" Diese Einstellung sollten Sie sich beim Telefonverkauf zu eigen machen. Weshalb aber geben so viele Unternehmen Unmengen Geldes für Neukundenakquisition aus – und berauben sich der „einfachsten" Möglichkeiten, neue Kunden zu gewinnen, die förmlich vor ihrer Nase liegen?

- Möglichkeit 1: Sie bitten den Kunden, dass er Sie zum Beispiel im Bekannten- und Freundeskreis oder auch bei Kollegen weiterempfiehlt.
- Möglichkeit 2: Sie bitten den Kunden darum, dass er Ihnen einen Namen oder eine Adresse eines Bekannten gibt, mit dem Sie Kontakt aufnehmen.
- Möglichkeit 3: Sie wollen den Kunden als Referenzkunden angeben.

Die Bitte um Weiterempfehlung

Beginnen wir mit der Bitte um Weiterempfehlung. Häufig wird es den Verkäufern gar nicht abverlangt, am Ende des Telefonats das Thema „Weiterempfehlung“ anzusprechen. Auch in vielen Gesprächsleitfäden fehlt der Aspekt, den Kunden zum aktiven Werbechef des Unternehmens zu machen und ihn um eine Weiterempfehlung zu bitten.

Alles schaut nur auf den Abschluss. Das Unternehmen ebenso wie die Telefonverkäufer. An das kommende Geschäft wird in diesem Zusammenhang nicht gedacht. Und was als Ziel nicht formuliert ist, das befindet sich auch erst einmal nicht in unseren Köpfen. Das liegt zum Teil auch daran, dass der erfolgreiche Verkäufer beim Abschluss in eine Euphorie gerät, die ihn die Weiterempfehlung schlicht und einfach vergessen lässt. Und zuweilen verläuft die Abschlussphase für ihn emotional so belastend, dass er diesen Aspekt unterschlägt. Darum sollen Ihnen die folgenden Tipps helfen, die Weiterempfehlung zum festen Bestandteil jedes Kundentelefonats zu machen.

Erklären Sie die Weiterempfehlung zur Selbstverständlichkeit

Fragen Sie sich, warum Sie zögern, die Frage nach einer Empfehlung nicht stellen. Ist es die Angst vor einem „Nein“? Oder die Vorstellung, den Kunden nun auch noch damit zu nerven? Nehmen die Frage nach der Empfehlung ganz selbstverständlich in Ihren Gesprächsablauf auf und denken Sie immer daran: Keine Weiterempfehlung haben Sie schon. Weniger als Nichts kann es also nicht werden. Vielleicht freut sich Ihr Kunde sogar, wenn er einen guten Freund und Sie miteinander in Kontakt bringen kann.

„Wenn ich nicht weiß, wann der richtige Zeitpunkt ist, dann verzichte ich lieber ganz darauf." So die Begründung vieler Telefonverkäufer. Aber: Es gibt keinen idealen Zeitpunkt, um die Empfehlungsfrage zu stellen. Es kommt auf den Gesprächsablauf an. Der folgende Satz soll Ihnen Mut machen und Sie die Angst verlieren lassen, vielleicht doch einmal diese Frage zum falschen Zeitpunkt zu stellen. Er lautet: „Blamiere Dich täglich!" Überschreiten Sie die Grenzen, die Sie sich selbst gesetzt haben, probieren Sie das Neue und Unbekannte aus, ohne Angst zu haben, „hereinzufallen".

Am häufigsten erfolgt die Empfehlungsfrage als Abschluss des Verkaufsgesprächs, es gibt aber auch andere Möglichkeiten. Verlassen Sie sich auf Ihr Gefühl.

Überlegen Sie sich konkrete „Weiterempfehlungsfragen"

„Was sage ich jetzt nur?" Viele Verkäufer scheuen die Frage nach einer Empfehlung, weil sie nicht wissen, wie sie diese am geschicktesten formulieren. Leiten Sie sie ein, indem Sie ein Feedback zum bisherigen Gespräch einholen:

- „Waren Sie zufrieden mit mir und meiner Gesprächsführung?
- Haben Sie noch Tipps für mich, wie ich mich verbessern kann?" – Und dann:
- „Gab es in unserem Gespräch Inhalte, bei denen Sie gedacht haben, dies könnte auch für andere ganz interessant sein? An wen denken Sie nun konkret?
- Können Sie mich dieser Person weiterempfehlen?"

Das Beste ist, Sie entwickeln eine zu Ihrer Branche passende Vorgehensweise und trainieren die „Weiterempfehlungsfragen". Passen Sie sie dann der jeweiligen konkreten Gesprächssituation an.

Bleiben Sie authentisch

Die Weiterempfehlungsfragen sollten zu Ihnen und Ihrer Persönlichkeit passen. Bleiben Sie einfach ganz Sie selbst. Sprechen Sie so weiter, wie Sie das ganze Telefonat über gesprochen haben, bleiben Sie also natürlich. Also: Vermeiden Sie gestelzte Formulierungen.

Die Bitte um Adressen und Namen

Alles, was wir Ihnen zur Weiterempfehlung gesagt haben, gilt auch für die Bitte an Ihre Kunden, Ihnen Adressen und Namen von Personen zu nennen, die Sie dann anrufen. Wichtig ist:

Lösen Sie sich von moralisch-ethischen Bedenken

Wer an Adressennennungen denkt, der assoziiert schnell, dass die so genannten „Strukis" auf diese Weise an neues Adressmaterial gelangen. Lösen Sie sich von der Vorstellung, nur dubiose Strukturvertriebe, die nach dem „TOS-Prinzip" – Tante, Onkel, Schwiegermutter – funktionieren, würden mit diesem Instrument arbeiten.

Unter der Voraussetzung, dass Sie mit dem Kunden stets fair und kundenorientiert umgehen, hat das aktive Bemühen um Adressen überhaupt nichts mit Manipulation oder Ähnlichem zu tun. Denn immerhin haben Sie dem Kunden etwas verkauft, durch das dieser einen hohen persönlichen Nutzen hat.

Ändern Sie die Perspektive

Erleichtern Sie es Ihrem Gesprächspartner, zu dem Sie bis in die Abschlussphase hinein eine gute Beziehung aufgebaut und gehalten haben, Ihnen Adressen und Namen zu geben. Ersetzen Sie den zuweilen negativ besetzten Begriff dieser Art einer Empfehlung durch „einen Gefallen erweisen“: Sicher haben Sie nach einem guten Einkauf einmal einem Ihrer Bekannten davon berichtet, um ihm die Chance zu geben, ebenso gut einzukaufen. Sie haben so gehandelt, um Ihrem Bekannten einen Gefallen zu erweisen. Das heißt: Es geht nicht (nur) darum, Ihnen Vorteile zu verschaffen. Ihr Kunde kann einem Bekannten einen Gefallen erweisen, indem er ihn an einer außergewöhnlichen Idee teilhaben lässt.

Höfliche Hartnäckigkeit hilft

Behalten Sie in jedem Fall die Initiative und agieren Sie. Geben Sie nicht gleich auf, wenn Sie auf Ihre Bitte zu hören bekommen: „Da fällt mir momentan niemand ein.“ Spitzen Sie jetzt die Ohren! Hoffentlich haben Sie Ihre Sensoren auf den Empfang positiver Aspekte in den Aussagen des Gesprächspartners eingestellt. Denn wenn er von „momentan“ spricht, dann hat er dem Vorhaben grundsätzlich zugestimmt. Also können Sie freundlich hartnäckig am Gesprächspartner dranbleiben, indem Sie ihm Gedankenstützen anbieten: „Vielleicht denken Sie gerade an …?“

Denken Sie an beide Beteiligte

Beachten Sie bei jeder Namensnennung beide wesentliche Parteien: Setzen Sie sich umgehend mit dem empfohlenen Menschen in Verbindung und informieren Sie dann auch gleich den Empfehlungsgeber. Dann schließt sich der Kreis eines erfolgreichen Empfehlungsmarketings.

Wie Sie eine überzeugende und persönliche Referenz bekommen

Waren Sie schon mal auf der Geburtsstation eines Krankenhauses oder im Wartezimmer einer Frauenärztin? Die Wände hängen voll mit Babyfotos und Karten von den Eltern, die sich herzlich bei den Ärzten, Hebammen und Krankenschwestern bedanken. Kennen Sie eine bessere Werbung? Kaum etwas kann die überzeugende Wirkung einer echten und persönlichen Referenz oder Empfehlung eines Kunden übertreffen. Wenn jemand bereit ist, mit seinem Namen öffentlich für die Qualität eines Produktes oder einer Dienstleistung zu bürgen, dann muss sein Vertrauen in den Anbieter sehr groß sein. Und dieses Vertrauen überträgt sich auf einen neuen Kunden, wenn dieser solch eine Referenz liest.

▶ **Praxis-Tipp: Machen Sie die Referenzfrage zum obligatorischen Bestandteil des Gesprächs** Auch bei der Durchführung der Referenzkundenstrategie beachten Sie bitte: Integrieren Sie diesen Punkt in Ihr Telefonskript, überlegen Sie sich Formulierungen, die Sie schließlich im konkreten Gespräch der Situation anpassen.

Natürlich ist es am schönsten, wenn unsere Kunden uns eine Referenz von sich aus schicken. Wie auf der Geburtsstation. Wenn Sie eine Referenz unaufgefordert zugeschickt bekommen, dann fragen Sie gleich, ob Sie sie veröffentlichen und für sich verwenden dürfen. Und falls jemand etwa Ihr Produkt in einem Telefonat lobt, sollten Sie die Gelegenheit ergreifen und fragen:

- „Darf ich Sie in meinen Unterlagen als zufriedenen Kunden aufführen?“
- „Sind Sie bereit, mir dazu ein Referenzbrief zu schreiben?“

Es gibt weitere Wege, die zur Referenz führen: Bestimmt haben Sie in Ihrem Adresspool einige „Lieblingskunden“, von denen Sie hundertprozentig wissen, dass sie mit Ihnen und Ihren Produkten oder Dienstleistungen schon des Öfteren zufrieden waren. Was liegt näher, als diese Lieblingskunden um eine Referenz zu bitten?

Machen Sie es Ihrem Kunden so einfach wie möglich: Bieten Sie an, den Text vorzuformulieren, damit er sich nicht selbst die Mühe machen muss. Aber ist das nicht geschummelt? Nicht, wenn Sie bei der Wahrheit bleiben. Viele Kunden werden Ihre Vorlage sogar gerne übernehmen, und einige Referenzen würden Sie ohne Vorlage wahrscheinlich nie bekommen.

► **Praxis-Tipp: So schaut eine gute Referenz aus** Die folgenden Punkte machen eine Referenz überzeugend und authentisch:

- Die Inhalte entsprechen der Wahrheit. Von dieser Regel gibt es keine Ausnahme!
- Superlative werden nur genutzt, wenn sie auch stimmen. Sie müssen mit Fakten oder Beispielen belegt werden.
- Im Mittelpunkt steht die Kernkompetenz Ihres Unternehmens.
- Sie enthält so viele konkrete Informationen wie möglich: „So wurde unser Umsatz in nur 12 Wochen um 17 % gesteigert.“
- Sie umfasst den Vor- und Nachnamen des Kunden (falls schriftlich auf einem Briefpapier natürlich mit Unterschrift).
- Falls Ihr Kunde Ihnen sogar gestattet, seine Telefonnummer zu nennen, ist das ein großer Vertrauensbeweis – und das merken die Leser der Referenz.
- Bei Nennung der Telefonnummer: Weisen Sie darauf hin, dass es durchaus möglich ist, dass der Kunde von einer anderen Person angerufen wird. Erwähnen Sie dies, damit Ihr Kunde nicht überrascht wird.

Reagieren Sie richtig, wenn es zu keinem Abschluss kommt

Kein Abschluss – und schon keimt im Verkäufer die Enttäuschung auf. Sofort verändert sich die Haltung und damit die Stimme. Schon verfällt er in einen eher resignierenden Tonfall. Weshalb eigentlich? Das Nein heute heißt doch nicht „Nein" für immer. Vor einigen Jahren warb die Marke Danone mit einem tollen Werbespruch: „Irgendwann kriegen wir Sie!" Machen Sie sich diese Einstellung zu eigen.

Gerade jetzt gilt es aufrechte Haltung zu zeigen und den Blick nach vorne zu richten: „Schade, dann hat es diesmal nicht mit uns geklappt. Probieren wir es einfach das nächste Mal wieder." Nehmen Sie eine Absage sportlich. Verstecken Sie sich keinesfalls im Schmollwinkel. Sie ziehen sonst Ihre Stimmung – und Ihre Stimme – herunter und zerstören sie für die Telefonate, die noch vor Ihnen liegen.

Hinzu kommt: Selbst der Kundenkontakt, der ohne Abschluss bleibt, bietet die Chance zur Weiterempfehlung oder Referenz – nämlich dann, wenn Sie den Kunden trotz der Enttäuschung weiterhin informieren und freundlich verabschieden. Das hat Stil, und so behält Ihr Gesprächspartner das Telefonat in guter Erinnerung.

Aus Absagen lässt sich oft mehr lernen als aus gewonnenen Aufträgen. Sehen Sie damit jede Absage als eine „frei Haus" gelieferte Chance, sich zu verbessern. Fragen Sie Ihren Gesprächspartner ruhig, woran es lag, dass Sie den Auftrag nicht bekommen haben. Sie können aus den Antworten nur lernen.

Fazit

- Lassen Sie dem Gesprächsabschluss den gebührenden Stellenwert zukommen.
- Gleich, welchen Ausgang das Gespräch genommen hat: Zeigen Sie Haltung, indem Sie beweisen, dass Ihnen der Kunde als Mensch am Herzen liegt.
- Bitten Sie in der Schlussphase des Telefonats um Weiterempfehlungen, Adressen und vergessen Sie nicht die Frage, ob der

Kunde als Referenz zur Verfügung stehen könnte. Nehmen Sie diese Punkte verbindlich in Ihre Gesprächsleitfäden auf.

Test: Bereiten Sie den Gesprächsabschluss professionell vor?

	Ja	Nein
• Können Sie spontan sagen, wie Sie sich in der Regel verabschieden?	❑	❑
• Verfügen Sie über differenzierte Strategien, wie Sie an Weiterempfehlungen, Adressen und Referenzen gelangen?	❑	❑
• Haben Sie jemals einen Kunden durch eine Weiterempfehlung gewonnen?	❑	❑
• Wären/sind Sie in der Lage, auf Ihrer Homepage/ in Ihren Werbematerialien mindestens drei Referenzkunden namentlich aufzuführen?	❑	❑

Fazit

Bei jedem „Nein“: Erarbeiten Sie eine aktive Weiterempfehlungs- und Referenzkundenstrategie.

„Warum darf ich Ihnen nicht nutzen?" – Vom Umgang mit schwierigen Kunden

6

Im zweiten Kapitel haben wir uns mit der Frage beschäftigt, wie Sie Ihre Gesprächspartner anhand bestimmter Parameter einschätzen und auf dieser Grundlage angemessen mit ihnen kommunizieren können. Nun werden Sie es in Ihrem Verkaufsalltag immer wieder erleben, dass Sie mit einigen Persönlichkeiten – und damit Kunden – sehr gut zurecht kommen und mit den anderen überhaupt nicht. Im letzteren Fall sind wir geneigt, von „schwierigen Kunden" zu sprechen. Was aber heißt das – schwieriger Kunde?

Wann ist ein Mensch ein schwieriger Mensch?

Nicht immer, aber in den meisten Fällen gilt, dass wir mit Menschen, die uns in Charakter, Mentalität, Sprache und allgemeinem Habitus ähnlich sind, besser klar kommen als mit Menschen, die „so ganz anders sind als wir selbst", nach dem Motto: Gleich und gleich gesellt sich gern.

Aber Achtung: Es gibt auch den Spruch: „Gegensätze ziehen sich an". Trotzdem sind wir aufgrund unserer praktischen Erfahrungen als Trainer und Coaches der Meinung: Wenn Telefonverkäufer mit Gesprächspartnern auf keinen grünen Zweig kommen, liegt es zumeist daran, dass „ungleich und ungleich nicht miteinander können".

L. Stempfle, R. Zartmann, *Aktiv verkaufen am Telefon*,
DOI 10.1007/978-3-658-02990-6_6,

Erinnern Sie sich an die Beschreibung der drei Kundentypen im zweiten Kapitel? Fragen Sie sich bitte, welche der dort beschriebenen Eigenarten auf Sie zutreffen und welche nicht:

- Fehlen Ihnen weitgehend die Eigenschaften des Typus 1, sind Sie wahrscheinlich kein Mensch, der sofort und leicht auf andere zugeht und den anderen mit Herzlichkeit begegnet. Treffen Sie auf einen Gesprächspartner, der genau diese Eigenarten hat, neigen Sie dazu, dieser Person mit Argwohn zu begegnen. Dies gilt für die anderen Eigenarten ebenso.
- Sind Sie jemand, dem die Eigenschaften des Typus 2 weitgehend fehlen, sind Sie wohl eher nicht in der Lage, rasch und impulsiv zu handeln. Ihre Durchsetzungsfähigkeit sowie Ihre Bereitschaft, Risiken einzugehen, sind schwach ausgeprägt. Und darum empfinden Sie einen Gesprächspartner, der wie Typus 2 reagiert, als eher unangenehm.
- Zu guter Letzt: Gehören Sie nicht zu den akribisch genauen Menschen, deren Drang nach Systematik und zur Ordnung hoch ausgeprägt ist (Typus 3), fällt Ihnen der Umgang mit solch einem Menschen vielleicht schwer.

Das heißt: Schwierige Kunden sind zumeist diejenigen, die Verhaltensweisen an den Tag legen, die wir nicht haben. In die Bewertung, ob jemand „schwierig“ ist, fließen auch immer Ihre Bewertungsmaßstäbe mit ein. Und darum sind Sie gleich mit mehreren subjektiven Ansichten konfrontiert: Mit der Ansicht, wie Sie sich selbst beurteilen; mit der Ansicht, wie Sie den anderen beurteilen; mit der Ansicht, wie Sie den Umgang mit dem schwierigen Kunden beurteilen. Hinzu kommt: Auch der „schwierige“ Kunde nimmt all diese Bewertungen vor – aber eben aus seiner Sicht.

▶ **Praxis-Tipp: Schmeißen Sie Ihre Vorurteile über Bord** Der schwierige Gesprächspartner ist nicht einfach deshalb schwierig, weil er so ist, wie er ist. Sondern es ist auch unsere Bewertung des anderen Menschen, welche ihn uns als schwierig erscheinen lässt. Und damit ist den Fehlurteilen und kommunikativen Missverständnissen Tür und Tor geöffnet.

Schließlich droht noch die folgende Gefahr: Wenn Sie erst einmal das Urteil gefällt haben, ein Kunde sei schwierig und Ihnen unsympathisch, gehen Sie automatisch auf die Suche nach „Beweisen" für diese Überzeugung. Der Kunde hat keine Chance mehr bei Ihnen. Jetzt jedoch die gute Nachricht: Wenn Sie dies wissen, fällt Ihnen der Umgang mit „schwierigen" Kunden schon einmal leichter. Denn nun können Sie ganz bewusst auf die Suche nach sympathischen Eigenschaften gehen, die Sie an dem „Unsympath" dennoch entdecken werden.

Strategien zum Umgang mit „schwierigen" Kunden

Wir empfehlen zudem: „Willst Du ein guter Telefonverkäufer sein, dann schau zuerst in Dich hinein." Wenn Sie wissen, was für ein Mensch Sie sind, wie Sie in gewissen Situationen reagieren, können Sie besser beurteilen, warum Sie mit dem einen Kunden gut klar kommen, mit dem anderen nicht.

Hinzu kommt: Schwierige Kunden zeigen uns Wege auf, an denen wir als Persönlichkeit wachsen können. Denn Ziel im Telefonverkauf muss es doch sein, dass wir nicht nur mit Unseresgleichen gut auskommen, sondern auch mit denjenigen Menschen, die uns nicht so sympathisch sind. Es wäre unprofessionell, wenn Sie den Erfolg grundsätzlich davon abhängig machen müssten, ob Ihnen ein Gesprächspartner unsympathisch ist oder nicht.

Die Situation akzeptieren

Akzeptieren Sie einfach: Die „heile Welt" im Verkauf – es gibt sie nicht. Denn sie existiert – die „dunkle Seite", in der die knallharte Auseinandersetzung unvermeidlich ist, in der die Fetzen fliegen und zur Kampfrhetorik gegriffen werden muss, mithin zu Mitteln, die dazu dienen, sich durchzusetzen und schlicht zu gewinnen. Und oft entpuppt sich die Fairness als Illusion, nicht immer werden die Guten am Ende belohnt, zuweilen ist der Ehrliche und Faire der Dumme.

Bevor Sie jetzt aber Ihren Instrumentenkoffer mit der Aufschrift „Beziehungsmanagement" über Bord schmeißen – STOPP. Er wird nach wie vor dringend gebraucht. Doch er alleine genügt nicht. Denn es gibt – wir betonen es nochmals – weder *das* Hardselling, noch das *das* Softselling. Es gibt nur jeden Tag neue und ganz verschiedene Kommunikations- und Verhandlungssituationen mit ganz verschiedenen Telefongesprächspartnern.

Und müssen Sie den Menschen, den Sie am Telefon beraten, unbedingt mögen? Sicherlich erleichtert dies den Zugang – aber Sie müssen keine „Liebesbeziehung" mit ihm eingehen.

Die Chance ergreifen

Begreifen Sie Telefonate mit schwierigen Kunden als Herausforderung: „Jetzt kann ich beweisen, wie gut ich schwierige Gesprächssituationen bewältige." Die meisten Menschen malen sich in Drucksituationen die negativen Konsequenzen aus – das hemmt und blockiert. Verdeutlichen Sie sich immer wieder, dass selbst die anscheinend aussichtslose Situation eine Chance bietet – etwa, sich zu profilieren oder den Verhandlungspartner, den noch niemand „geknackt" hat, als erster zu überzeugen.

▶ **Praxis-Tipp: Entwickeln Sie sich zum Chancendenker**

- Entwickeln Sie sich zum Chancendenker, der die Herausforderung annimmt, sich in der Drucksituation zu beweisen. Der Chancendenker ist ein Kämpfer, der Ja sagt zum Unerreichbaren und zumindest versucht, es zu erreichen: „Wer kämpft, kann verlieren. Wer nicht kämpft, hat schon verloren" – diesen Satz von Bertolt Brecht unterschreibt der Chancendenker ohne Wenn und Aber.
- Wenn der Kunde versucht, Sie durch unsachliche Argumente oder das günstigere Angebot eines Wettbewerbers zu verunsichern, zeigt sich, ob Sie den Kopf einziehen und sich nach dem Gespräch über diesen unfairen und schwierigen Kunden beschweren – oder ob Sie die Herausforderung annehmen und um eine Problemlösung kämpfen.

Steigen Sie auf den Berg

Es ist immer vorteilhaft, eine Situation aus einer anderen Perspektive zu betrachten: Steigen Sie dazu gleichsam „auf den Berg" und betrachten Sie von oben – aus der Distanz und der Helikopterperspektive – das Telefonat, den Verkaufsprozess, den Kunden. Die Fokussierung aufs Detail versperrt den erweiterten Blick aufs Ganze und auf die nicht immer naheliegende beste Lösung. Dort oben in luftiger Höhe löst sich die Verstrickung in die Einzelheiten der gegenwärtigen Drucksituation auf. So ist eine bessere Analyse der Situation und ein unverkrampfterer Umgang selbst mit dem „schwierigsten" Kunden möglich, der Ihnen zur Zeit unheimlich auf die Nerven geht.

Setzen Sie sich zur Wehr

Was aber, wenn Sie es mit aggressiven und unfairen Gegnern zu tun haben? Ihr oberstes strategisches Ziel sollte bleiben, eine letztendlich gute Beziehung zum Gesprächspartner aufzubauen. Zugleich jedoch ist es sinnvoll, wenn Sie über Gesprächstaktiken verfügen, die Ihnen helfen, sich zur Wehr zu setzen.

- Der Kunde bezweifelt die Fakten: Sorgen Sie dafür, dass Sie alle Tatsachen, die Sie in das Gespräch einfließen lassen, auch beweisen können.
- Der Gesprächspartner schließt Gesprächsinhalte aus: Fassen Sie das Gespräch zusammen und bringen Sie dabei wichtige Aspekte, die der andere ausschließen will, wieder ins Spiel.
- Der Gesprächspartner bestreitet Ihre Zuständigkeit und Kompetenz: Versichern Sie dem Kunden, den Fall noch heute persönlich mit Ihrem Vorgesetzten zu besprechen. Danach unterbreiten Sie einen Alternativvorschlag: „Ich bin sicher, ich kann Ihnen auch weiterhelfen, und zwar sofort …"
- Der Kunde provoziert, droht und wird persönlich: Versuchen Sie, dem Kunden trotzdem noch eine Brücke zu bauen, die zurück ins sachliche Fahrwasser führt. Beleidigungen allerdings müssen Sie nicht schlucken. Wichtig ist, dass Sie fair bleiben und die Taktiken einsetzen, um den Gesprächspartner zu beruhigen.

Lernen Sie, auch schwierige Kunden zu mögen

Grundlage für den angemessenen Umgang mit schwierigen Kunden, die nerven, widersprechen, meckern, provozieren, ist, dass wir auch den vermeintlich schwierigen Gesprächspartner lieben lernen. Der Amerikaner sagt: „Change it, leave it or love it."

Können Sie den Kunden auswechseln? Nein – natürlich nicht! Schon der Gedanke daran ist absurd. Können wir ihn verlassen?

Na ja, vielleicht verlieren, das geht sogar ganz einfach. Doch natürlich ist der Antrieb Ihres und unseres Tuns eben nicht, Kunden zu vergraulen, nur weil wir mit ihnen nicht auf einer Wellenlänge liegen.

Was also bleibt dann, richtig: „love him" – lieben Sie ihn! Und falls Ihnen diese Aufforderung zu weit geht, dann mögen Sie ihn zumindest, respektieren Sie ihn mit all seinen Eigenarten.

Fazit

- Klären Sie, was ein „schwieriger" Kunde für Sie überhaupt ist. Überlegen Sie, welche Bewertungsmaßstäbe Sie anlegen.
- Zu einer „schwierigen" Beziehung gehören immer zwei Menschen: der Kunde und SIE!
- Definieren Sie Telefonate mit unsympathischen Kunden als zu lösende Aufgaben und besondere Bewährungsproben, die Ihnen auch Chancen bieten.

Test: Sind Sie in der Lage, zum „unsympathischen" Kunden eine Beziehung aufzubauen?

	Ja	Nein
• Wenn Sie im Privatleben jemanden nicht riechen können, lassen Sie ihn links liegen.	❑	❑
• Ihre Bekannten/Freunde sagen, Sie seien in Ihren Urteilen über andere Menschen sehr rigoros.	❑	❑
• Es kommt häufig vor, dass Sie Kundengespräche am liebsten sofort beenden wollen, weil Ihnen der Gesprächspartner nicht liegt.	❑	❑
• Sie können aus dem Stegreif fünf ehemalige Klassenkameraden nennen, die Sie während Ihrer Schulzeit einfach nicht leiden konnten.	❑	❑

Fazit

Bei zwei „Jas" oder mehr: Sie haben anscheinend ein Problem mit Menschen, die Sie nicht auf Anhieb leiden können. Prüfen Sie, warum Ihnen der Zugang zu solchen Menschen schwer fällt, und überlegen Sie sich Gegenmaßnahmen.

Exkurs 3 Mit Provozierendem Problemlösungsverkauf Kunden gewinnen

Bereits im zweiten Exkurs haben Sie gesehen, dass und inwiefern der Telefonkontakt und das Verkaufsgespräch einem Machtkampf gleichen. Sie sollten darum das Softselling und das Hardselling beherrschen, um flexibel auf den Kunden eingehen zu können. Der Provozierende Problemlösungsverkauf dreht die Schraube noch ein Stück weiter und geht davon aus, dass es durchaus Situationen gibt, in denen Sie den Kunden am Telefon provozieren sollten, ja provozieren müssen – nämlich dann, wenn feststeht, dass Sie über eine Problemlösung verfügen, die die bisherige Problemlösung des Kunden in den Schatten stellt.

Die Prinzipien des PPV

Was heißt das konkret? Nun: Ihr Ziel ist es, den Kunden durch gezielte Provokation auf eine Problemlage hinzuweisen und die Gefahr zu benennen, die droht, wenn der Kunde seine bisherige Problemlösung beibehält. Von Beginn an steht das Kundenproblem im Mittelpunkt des Telefonats: Unmissverständlich, emotional, aber zugleich belegbar, also mit Argumenten, Zahlen, Daten und Fakten unterfüttert legen Sie das Engpassproblem auf den Tisch des Hauses. Das ist für den Kunden oft schmerzhaft, muss er sich doch damit auseinander setzen, etablierte Problemlösungsbahnen verlassen und umfassende Veränderungsprozesse einleiten.

Beweisbare Behauptungen aufstellen

Sie wollen den Kunden mithin wachrütteln und in die Wachstums- und Entwicklungszone bugsieren: „Lieber Kunde, wenn Sie nicht schnellstmöglich eine Lösung für Ihr Engpassproblem finden oder sogar die Augen vor ihm verschließen, dann wird es eng für Sie. Und zwar aus folgenden Gründen …"

Bevor wir Ihnen zeigen, wie der PPV konkret abläuft, wollen wir auf einen Einwand eingehen, der gewiss dem einen oder anderen Leser auf den Lippen liegt: „Wie verträgt sich denn der PPV mit dem Ansatz, von Mensch zu Mensch zu verkaufen und die Kundenbelange in den Mittelpunkt des Telefonats zu stellen? Droht beim PPV nicht die Gefahr, dem Kunden eine Lösung überzustülpen, die dieser gar nicht wünscht?

Und wie ist unter ethischen Gesichtspunkten das Vorgehen zu beurteilen, den Konkurrenten aktiv zu verdrängen, indem Sie behaupten, Sie verfügten über eine bessere Lösung als der Wettbewerb?

Bedenken Sie bitte: Ethisch fragwürdig wäre das Vorgehen nur, wenn Sie sich *nicht* sicher wären, über eine bessere Lösung zu verfügen, die dem Kunden Vorteile bringt. Wenn Sie wissen, dass Sie eine bessere Lösung als die Konkurrenz vorzuweisen haben, sind Sie geradezu dazu verpflichtet, sie dem Kunden zu auch präsentieren.

Das heißt: Sie dürfen selbst in eine intakte Kunden-Lieferanten-Beziehung eindringen – weil Sie die optimale Lösung haben!

Und darum gehört es zum PPV, dass Sie mit beweisbaren Behauptungen arbeiten, also nicht nur zum Ausdruck bringen, dass Sie über die beste Lösung für das Engpassproblem des Kunden verfügen, sondern dies auch belegen können.

▶ **Praxis-Tipp: Arbeiten Sie mit Beweisen** Als PPV-Telefonverkäufer arbeiten Sie wo immer möglich mit Belegen und Beweisen. Sie stellen nicht einfach eine provozierende Behauptung auf, sondern veranschaulichen mit Falldarstellungen, Referenzen und Musterbeispielen sowie Musterkalkulationen (ROI-Berechnung), dass Sie tatsächlich „die bessere Lösung" haben.
So wächst die Wahrscheinlichkeit, dass Ihr Kunde eine neue Perspektive einnimmt. Eine typische Äußerung ist dann: „So habe ich das bisher noch nicht gesehen." Oder: „Bisher haben wir vor dieser Frage die Augen verschlossen. Gut, dass Sie es so exakt auf den Punkt bringen."

Auswirkungen schonungslos benennen

Nehmen wir ein konkretes Beispiel: Sie telefonieren mit dem Entscheider eines Unternehmens, das Fenster- und Türbeschläge herstellt. Sie kommen gleich zur Sache: „Herr Kunde, wenn Sie nicht auf Halbautomatisierung umstellen, droht die Gefahr, dass Sie wie Ihr Konkurrent zwei bis drei Prozent Marktanteile verlieren."

Der Entscheider ist perplex: „Woher wollen Sie das denn wissen?" Sie antworten: „Ich habe Ihren Geschäftsbericht gelesen – Sie wollen den Automatisierungsgrad sogar noch erhöhen, um Personalkosten zu sparen. Von einem Ihrer Konkurrenten weiß ich, dass dieser Schuss dort nach hinten losgegangen ist. Bei denen ist die Reklamationsquote bei den Fenster- und Türbeschlägen dramatisch angestiegen, weil der Service unter dem Personalabbau gelitten hat. Auch Ihnen droht dieses Engpassproblem. Ich habe dazu für Sie eine Kalkulation aufgestellt. Wenn Sie weiterhin auf das Pferd Automatisierung setzen, hat dies die folgenden Auswirkungen für Sie …"

Um derart vorgehen zu können, müssen Sie sich natürlich exzellent in der Branche des Kunden auskennen – wahrscheinlich noch exzellenter, als dies bisher bei Ihren Kunden der Fall war. Denn Sie müssen sich nicht nur im Business des Kunden auskennen, sondern auch die Situation des Wettbewerbs punktgenau einschätzen können. Dann ist es Ihnen möglich, solche provozierenden Behauptungen konkret zu belegen und die fatalen Auswirkungen zu benennen, die entstehen, wenn der Kunde weiterhin auf Vollautomatisierung setzt.

Das bedeutet: Sie stellen die Provokationen nicht um ihrer selbst willen auf. Es geht nicht darum, den Kunden zu verängstigen und aus dieser Angst Kapital zu schlagen. Ganz im Gegenteil: Sie antizipieren aufgrund Ihrer Recherchen mögliche zukünftige Entwicklungen und konfrontieren den Kunden mit Auswirkungsaussagen, in denen Sie die Konsequenzen beschreiben, die eintreten, wenn sich der Kunde nicht von der bewährten Problemlösung befreit.

▶ **Praxis-Tipp: Ein Formulierungsbeispiel**

- „Wenn Sie bei der Vollautomatisierung bleiben, bedeutet das für Ihre Marktanteile … Für Ihre Mitarbeiter hat das folgende Auswirkungen… wie diese Zahlen belegen … Dies könnte überdies Konsequenzen für Sie haben … Für die langfristige Unternehmensentwicklung bewirkt dies … … Die Kalkulation zeigt: Das kostet Sie im Jahr … ich schlage die folgende Lösung vor …"

Konflikte vorsichtig verstärken

Die meisten Verkäufer sind in der Lage, typische Kundenkonflikte zu erkennen und zu lösen. Ob Bedarfs-, Angebots- oder Abschlusskonflikt: Geschulte Telefonverkäufer identifizieren diese Konfliktsituationen an den Äußerungen, Fragen und Einwänden des Kunden. Im dritten Kapitel haben Sie erfahren, wie Sie mit den Bedarfskonflikten des Kunden professionell umgehen.

Als PPV-Telefonverkäufer gehen Sie noch einen Schritt weiter: Sie stürzen den Kunden gewollt in einen Konflikt und verunsichern ihn, etwa indem Sie ihn darüber ins Grübeln bringen, ob sein Engpassproblem tatsächlich auf eine befriedigende Weise gelöst ist. Es geht Ihnen also nicht um Konfliktlösung, sondern um Konfliktverstärkung.

Ein Beispiel ist der bereits erwähnte Bedarfskonflikt: Im klassischen Verkaufsgespräch soll sich der Kunde fragen, ob er ein Produkt benötigt oder nicht. Beim PPV kommt der Verunsicherungsfaktor hinzu: „Die Vollautomatisierung hat den Nachteil, dass Ihre Servicequalität leidet." So stoßen Sie bei dem Entscheider einen Reflexionsprozess an, der dazu führt, dass er eine neue Sichtweise einnimmt. Aber noch einmal: Immer gilt, dass Sie diese Behauptung auch belegen und beweisen!

▶ **Praxis-Tipp: Entwickeln Sie eine Provokationstabelle** Im Mittelpunkt des PPV stehen beweisbare Behauptungen, die den Kunden provozieren und zu einem Umdenken oder einer Neubewertung eines Sachverhaltes bewegen sollen. Darum steht die Überlegung, welche beweisbaren Behauptungen Sie im Gespräch thematisieren können, bereits in der Vorbereitungsphase im Mittelpunkt. Überlegen Sie darum in der Vorbereitungsphase:

- Vor welchen spezifischen Herausforderungen – gegenwärtigen und vor allem zukünftigen – steht die Branche, in der der Kunde tätig ist?
- Mit welchen Herausforderungen hat der Kunde zu kämpfen – wiederum bezogen auf das Heute und das Morgen?
- Mit welchen individuellen Problemen sieht sich der Kunde konfrontiert?

Die Ergebnisse dieser Überlegungen fließen ein in eine Provokationstabelle, in der aus den spezifischen Herausforderungen belegbare Provokationen abgeleitet werden. Die Tabelle dient als roter Faden für die Gesprächsgestaltung.

	Problembeschreibung und Auswirkung	Ableitbare Provokation	Beleg für Provokation	Einsatz in Gesprächsphase
Branchenspezifische Herausforderung				
Unternehmensspezifische Herausforderung				
Abteilungsspezifische Herausforderung				

Hohe Kommunikationskompetenz erforderlich

Klar ist, dass der PPV hohe kommunikative Anforderungen an Sie stellt. Es ist ein Tanz auf dem Hochseil: Es droht immer die Gefahr, dass Sie den Kunden allzu sehr provozieren und ihn verschrecken. Allerdings: Helligkeit gibt es nur, wo Dunkelheit ist, Gesundheit nur, wenn es Krankheiten gibt, sinnvolle Provokationen nur, wenn Sie Phasen in das Gespräch einbauen, in denen Sie Provokationen vermeiden.

Die Angebotspräsentation und die Argumentationsphase stellen Gesprächsabschnitte dar, in denen es sich bewährt hat, provokante Nadelstiche außen vor zu lassen. Sinnvoll ist es, in diesen Phasen des Telefonats mit möglichst wenigen Emotionen, vielmehr mit sachlich-zurückhaltender Neutralität das Für und Wider, das Pro und Contra zu diskutieren.

Ganz anders dann sieht es bei der Einwandbehandlung und der Preisverhandlung aus: Verkäufer, die sich des Wertes ihres Preises bewusst sind und ihn mit Überzeugung und Selbstbewusstsein zu verteidigen bereit sind, scheuen sich nicht, auch hier eine Provokation einzubauen: „Vergessen Sie nicht, was Ihnen entgeht, wenn Sie das Angebot ablehnen. Denn dem Preis stehen die folgenden Nutzenaspekte gegenüber…"

Beim PPV ist es durchaus legitim, das Gespräch jetzt noch einmal zu emotionalisieren und den Kunden auf der Ebene der persönlichen Betroffenheit anzusprechen – ein Beispiel: „Was passiert eigentlich, wenn Sie auf der nächsten Gesellschafterversammlung gefragt werden, warum Sie nichts gegen den Anstieg der Wartungskosten getan haben? Bedenken Sie, dass unsere Problemlösung Sie dabei unterstützen kann, ebene jene Kosten signifikant zu reduzieren."

Provozierender Problemlösungsverkauf und provokant den Preis verteidigen: Natürlich verstößt so manche PPV-Methode gegen die anerkannte und etablierte Verkaufslehre: Der PPV-Verkäufer beherrscht das aktive Schweigen, gibt Gesprächsthemen vor, wechselt das Thema, selbst wenn der Kunde es weiter verfolgen will, und wiederholt sich, wenn er einen wichtigen Aspekt in verschiedenen Nuancierungen betonen will. Jedoch: Dies macht er nicht um der Provokation willen, sondern weil er weiß, dass er dem Kunden eine Toplösung zu bieten hat.

Fazit

- Beim PPV rückt der Beziehungsaufbau von Mensch zu Mensch zwar etwas aus dem Zentrum heraus, bleibt aber nach wie vor wichtigster Bestandteil des Kundenkontakts.
- PPV heißt: Der Kunde hat ein Problem – und Sie verfügen beleg- und nachweisbar über eine exzellente Problemlösung. Sie stehen daher in der Verpflichtung, dem Kunden diese Lösung

zu präsentieren – selbst mit Hilfe schmerzhafter Provokationen.

- Beim PPV beschreiben Sie konkret und detailliert, was passiert (= Auswirkungen), wenn der Kunde bei seiner bisherigen Problemlösung bleibt.
- Erweitern Sie Ihre kommunikativen Fähigkeiten: Auswirkungsaussagen setzen eine klare und eindeutige Sprache voraus, durch die Sie die Dinge auf den Punkt bringen.
- Arbeiten Sie wo immer möglich mit Belegen, mit denen Sie Ihre provozierenden Behauptungen beweisen.
- Haben Sie keine Angst vor der Konkurrenzverdrängung: Sie dürfen sich nicht scheuen, in eine intakte Kunden-Lieferanten-Beziehung einzudringen und Sand ins funktionierende Getriebe zu streuen. Denn Sie haben die bessere Lösung im Angebotsköcher.

Teil III
Vergessen Sie die professionelle Nachbereitung nicht: Nach dem Telefonat ist dem Telefonat

Viele Telefonverkäufer vernachlässigen sie geradezu sträflich: die Nachbereitungsphase. Doch jeder erfolgreiche Telefon-Profi weiß: Bei Gesprächen, die nicht nachbereitet werden, findet meistens auch keine Nachfassaktion statt. Und eine Akquisition, die nicht durch eine Nachbereitung begleitet wird, bedeutet nichts anderes als zum Fenster hinausgeworfenes Geld.

Die Nachbereitungsphase ist aber nicht nur unter operativen Gesichtspunkten wichtig. In ihr legen Sie auch den strategischen Grundstein für die Nachhaltigkeit und Langfristigkeit der Beziehung zum Kunden. Ziel ist es, das Highlander-Prinzip zu verwirklichen und sich unersetzlich für den Kunden zu machen. Zudem dient die Nachbereitung dazu, eine Manöverkritik durchzuführen und Verbesserungspotenziale aufzuspüren.

7 Machen Sie sich unentbehrlich beim Kunden: „Es kann nur einen geben!" – das Highlander-Prinzip

Notizen während des Telefonats anfertigen, Informationen zum Kunden sammeln, einen Ergebnisbericht verfassen – das sollte zum Standard gehören. Fragen Sie sich doch einmal, wie Sie bisher Ihre Telefongespräche nachbereitet haben.

> **Praxis-Tipp: Nehmen Sie sich Zeit zur Selbstbefragung**
> - Was halten Sie von dem Spruch: „Nach dem Verkauf ist vor dem Verkauf"?
> - Wie bereiten Sie Ihre Telefonkontakte nach?
> - Warum bereiten Sie Ihre Gespräche nach?

Der operative Aspekt: Bereiten Sie das Telefonat nach

Der Begriff Ab*schluss* scheint für eine große Anzahl von Telefonverkäufern geradezu eine Aufforderung zu sein: „Ab jetzt ist Schluss!" Sie legen den Telefonhörer auf Seite und vergessen das Gespräch – oder zumindest dessen Verlauf, und damit die Frage, ob es nicht noch viel mehr geboten hat als „nur" den Abschluss. Das ist sogar nachvollziehbar, wenn man bedenkt, dass die Zielsetzung lautet, eine möglichst große Anzahl von Abschlüssen zu realisieren.

L. Stempfle, R. Zartmann, *Aktiv verkaufen am Telefon*,
DOI 10.1007/978-3-658-02990-6_7,

Doch greifen wir dabei nicht zu kurz? Eine Schwalbe macht noch keinen Sommer – und ein Kauf noch lange keinen Stammkäufer.

▶ **Praxis-Tipp: Beachten Sie wiederum das Prinzip der Schriftlichkeit**

- Ob nun ein Direktabschluss erzielt wurde oder ob Sie einen weiteren Telefontermin vereinbaren konnten: Ohne schriftliche Notizen geht es nicht.
- Erstellen Sie auf Ihrem PC ein Formular, das Sie zur Nachbereitung nutzen.

Entscheidend für die Qualität der Kundenbeziehung sind die Informationen, die Ihnen über einen Kunden vorliegen. Wenn er merkt, dass Sie „alles" über ihn wissen, um ihm einen optimalen Nutzen bieten zu können, verfügen Sie über gute Karten.

Fakten notieren und Informationen sammeln

Telefon-Profis gönnen sich nach dem Kundengespräch ein paar Extraminuten, um die Fakten festzuhalten, die in dem Telefonat vereinbart wurden – zum Beispiel:

- Welche Lieferzeiten wurden vereinbart und welche Terminabsprachen getroffen?
- Wünscht der Kunde die Auftragsbestätigung per Post, Fax, E-Mail oder auf einem anderen Wege?
- Welche Zahlungskonditionen wurden festgelegt?

Noch wichtiger aber: Dokumentieren Sie nach dem Telefonat auch *alle* weiteren Informationen, die Sie erfahren haben und die Ihnen vielleicht nicht jetzt, aber zu einem späteren Zeitpunkt nützlich sein könnten:

- Sie haben „nebenbei“ erfahren, wer der Stellvertreter Ihres Gesprächspartners ist, wenn er in den Urlaub geht.
- Sie haben von einem interessanten Projekt erfahren, das in der Zukunft geplant ist. Vielleicht können Sie den Kunden dabei mit Ihren Produkten und Dienstleistungen, die er zur Zeit noch gar nicht kennt, unterstützen?
- Sie sind im Gespräch verdeckten und bisher unbekannten Kaufwünschen auf die Spur gekommen, zu denen Sie ein Angebot abgeben sollten.
- Sie haben wertvolle Hinweise zur mittelfristigen Budgetplanung Ihres Gesprächspartners oder Adressen weiterer potenzieller Kunden erhalten.
- Sie haben erfahren, dass der Kunde regelmäßig an einer bestimmten Messe teilnimmt. Könnte dies nicht ein Anlass für Sie sein, ihn persönlich kennen zu lernen?

▶ **Praxis-Tipp: Schaffen Sie Anknüpfungspunkte** Diese Informationen bieten gute Anknüpfungspunkte für Ihre weiteren Gespräche. Ihr Kunde fühlt sich wertgeschätzt und ernst genommen, wenn Sie ihn im nächsten Telefonat fragen können: „In unserem letzten Gespräch erwähnten Sie, dass Sie die Messe in N. besuchen wollten. Wie ist es denn verlaufen?" Oder noch besser: „Wie sieht es mit dem interessanten Projekt aus, von dem Sie letztens erzählten?... Könnte Ihnen da nicht unsere Dienstleistung... nützlich sein?"

Gemeinsamkeiten schaffen und Beziehung pflegen

„Wie ist denn die Abiprüfung Ihrer Tochter ausgegangen?" „Hat Ihr Sohn dann auch noch die Masern bekommen?" Wenn Sie wissen, dass Ihr Gesprächspartner nichts dagegen hat, wenn es zwischen ihm und Ihnen auch einmal „menschelt", ist es hilfreich, wenn Ihnen Informationen aus dem Privatbereich des Kunden vorliegen: zu seinem Geburtstag, zu seinen Hobbys und Interessen, zu seinem familiären Umfeld. Jeder Kundenkontakt hat neben dem fachlichen einen beziehungsorientierten Aspekt. Bewerten Sie darum in der Nachbereitungsphase, wie das Gespräch auf der Beziehungsebene abgelaufen ist:

- Haben Sie es geschafft, in der Eröffnungsphase einen „guten Draht" zum Kunden aufzubauen? Wie ist das gelungen?
- Welche Informationen aus dem Privatbereich haben Sie erhalten?
- Konnten Sie Gemeinsamkeiten entdecken – etwa ein gemeinsames Hobby oder Interesse?

Das gelingt mit Fingerspitzengefühl, professioneller Fragetechnik und vor allem ehrlichem Interesse am Gesprächspartner. Jeder fühlt sich gut aufgehoben und entwickelt Vertrauen, wenn er den Eindruck hat, als Mensch im Mittelpunkt zu stehen. Schließlich möchte niemand ausschließlich als Geschäftsobjekt und Geldlieferant behandelt werden.

Gerade in Zeiten des Online-Shopping steigt das Potenzial des persönlichen Wahrgenommenwerdens. Die Menschen sehnen sich nach persönlichen Kontakten und kompetenten Partnern, die nicht nur Mausklicks und Bestellformulare anbieten. Telefonverkäufern, die diese Sehnsüchte erfüllen, gelingt daher der Aufbau dauerhafter, (geschäfts-)freundschaftlicher Kundenbeziehungen.

► **Praxis-Tipp: Prüfen Sie, ob der Kunde auf private Fragen eingehen will** Überlegen Sie, ob es sinnvoll und höflich ist, im Kundengespräch gezielt nach privaten und persönlichen Angelegenheiten zu fragen. Denn nicht jeder Kunde mag dies. Notieren Sie in der Nachbereitung neben den Fakten auch diese Infos.

Halten Sie Zusagen und Vereinbarungen ein

Das konsequente Einhalten der Zusagen und Vereinbarungen – eine Selbstverständlichkeit. Trotzdem hören wir immer wieder, dass es damit Probleme gibt. Diese Probleme resultieren zumeist nicht aus der mangelhaften Einstellung – jeder Telefonverkäufer weiß, dass er seine Versprechen einhalten muss. Oft hapert es an recht einfachen Dingen. Darum:

- Versprechen Sie nur, was Sie auch einhalten können.
- Wecken Sie keine falschen Erwartungen.
- Bleiben Sie konkret. Also besser: „Ich rufe Sie morgen um 14 Uhr an", als: „Ich lasse dann noch von mir hören". Die konkrete Vereinbarung gibt dem Kunden Sicherheit und nimmt Sie in die Pflicht.

Beim Geld hört die Freundschaft auf. Darum: An den mit dem Kunden abgesprochenen Zahlungsmodalitäten und Geschäftsbedingungen müssen Sie unbedingt festhalten! Dasselbe gilt für die Details vereinbarter Termine. Also: Sie sind die Zuverlässigkeit in Person!

► **Praxis-Tipp: Entflammen Sie den Kunden**
- Versuchen Sie auch bei den Selbstverständlichkeiten – die häufig gar keine sind – den Kunden zu begeistern.

Seien Sie einfach etwas schneller, etwas genauer, etwas zuverlässiger, als es der Kunde erwartet.
- Bieten Sie dem Kunden stets einen Mehr- oder Zusatz-Nutzen, mit dem er nicht rechnet.
- Fakten notieren, Beziehung pflegen, Vereinbarungen realisieren – bei so vielen Aufgaben bekommen Sie die Nachbereitung zeitlich nur dann in den Griff, wenn Ihre Systematik stimmt. Die beste Lösung ist die Erfassung aller Informationen in einer Datenbank. Es gibt Programme, die Sie beim Einschalten Ihres PCs daran erinnern, welchen Kunden Sie für den heutigen Tag was versprochen und zugesagt haben. Nutzen Sie die modernen technischen Hilfsmittel, um die Beziehungen zu Ihren Kunden zu verbessern.

Schaffen Sie einen neuen Kontaktanlass

Wenn Sie vom Einmalverkauf zum Mehrfachverkauf gelangen wollen, müssen Sie immer wieder neue Kontaktanlässe schaffen. Dazu eignet sich die Nachbereitungsphase. Jeder erfolgreiche Telefonverkäufer weiß, wie wichtig es ist, den Kontakt zum Kunden nicht abbrechen zu lassen und regelmäßig aufzufrischen. Deswegen sollte die Überlegung, wie Sie den Kunden unmittelbar nach dem Gespräch betreuen, zum festen Nachbereitungsritual gehören. Nach einem erfolgreich verlaufenen Kundengespräch etwa können Sie den Kunden in einem Nachbetreuungstelefonat fragen, ob er mit dem Gespräch zufrieden war und wie er die Zusammenarbeit mit Ihnen erlebt hat. Oft bieten die Notizen, die Sie während des Gesprächs verfasst haben, konkrete Anhaltspunkte, um den Kunden gezielt auf ein neues Produkt oder eine weitere Dienstleistung aufmerksam zu machen, um so Folgegeschäfte anzustoßen.

Zusätzliche Kontaktanlässe können Sie zuweilen der Presse entnehmen: Eines Ihrer Kundenunternehmen feiert ein Jubiläum oder ist positiv in der Presse erwähnt – schicken Sie Ihrem Ansprechpartner einen Glückwunsch zu. Oder Sie lesen oder erfahren auf andere Weise von einem Ereignis, das für Ihren Kunden eine Bedeutung hat: Informieren Sie ihn darüber, etwa per E-Mail – ein Beispiel: „In unserem letzten Telefonat hatten wir darüber gesprochen, dass in Ihrem Unternehmen eine Zertifizierung geplant ist. Ich habe einen sehr informativen Artikel zum Thema Qualitätsmanagement gelesen, nämlich... Ich sende Ihnen den Artikel gerne zu. Oder noch besser, wir telefonieren dazu."

Sie sehen: Damit Sie dies leisten können, müssen Sie so viel wie möglich über Ihre Kunden in Erfahrung bringen und wissen – und diese Informationen so verarbeiten, dass Sie sie in der Nachbereitungsphase sinnvoll verwenden können.

▶ **Praxis-Tipp: Nutzen Sie private Anknüpfungspunkte**
Falls Sie während des Gesprächs etwas über die persönlichen Interessen, den privaten Bereich oder die Urlaubsplanung Ihres Gesprächspartners erfahren haben, können Sie überlegen, in der Nachbereitungsphase einen privaten Anknüpfungspunkt zu setzen. Senden Sie dem Kunden eine Geburtstagskarte zu, schicken Sie ihm eine E-Mail oder eine SMS zu.

Checkliste zur operativen Nachbereitung: Am besten sofort nach jedem Telefonat erledigen

	Ja	Nein
1. Haben Sie die Firmenadresse komplett oder in der EDV abgespeichert, wenn Unterlagen verschickt werden müssen oder ein Besuch stattfinden soll?	❑	❑
2. Ist der Name des Gesprächspartners angegeben und richtig geschrieben (darauf legen sehr viele Menschen Wert)?	❑	❑
3. Besonders wichtig bei großen Firmen: Ist die Abteilung angegeben?	❑	❑
4. Haben Sie die Telefon- und Faxnummer sowie die E-Mail-Adresse notiert?	❑	❑
5. Haben Sie die wesentlichen Inhalte des Gesprächs vermerkt? Zum Beispiel:		
– Handelt es sich um einen möglichen Neukunden, der Unterlagen oder einen Besuch wünscht?	❑	❑
– Liegt eine Anfrage des Kunden mit dem Wunsch eines raschen Angebots vor?	❑	❑
– Hat sich der Kunde beschwert (verkaufsaktive Reklamationsbearbeitung ist sehr wichtig)?	❑	❑
– Der Kunde gibt eine Bestellung auf. Sind alle Angaben vorhanden (Artikel, Artikelnummer, Menge, Liefertermin, Preis und Konditionen, Lieferort, Versandart usw.)?	❑	❑
– Ein Entwicklungsprojekt liegt vor und der Kunde wünscht die Mitarbeit durch Ihren technischen Berater. Was ist jetzt zu tun?	❑	❑
– Hat der Kunde persönliche Angaben zu Geburtstag, Jubiläum, Hobby, Interessen, Kultur usw. gemacht?	❑	❑
– Ist über neue Produkte oder Dienstleistungen gesprochen worden?	❑	❑

Checkliste zur operativen Nachbereitung: Am besten sofort nach jedem Telefonat erledigen

- Liegen neue Wettbewerbsinformationen (an Verkaufsleiter oder Außendienst weitergeben) vor? ❑ ❑
- Liegen neue Informationen zu Kooperationen, Firmenzu- oder -verkäufen, strategischen Allianzen oder Gründungen von Auslandsniederlassungen vor? ❑ ❑
- Welche neuen Angaben über Kundenziele, -bedürfnisse oder brennende Probleme gibt es jetzt? ❑ ❑

6. An wen müssen welche Informationen weitergegeben werden? ❑ ❑
7. Halten Sie auf jeden Fall fest, welche Maßnahmen nach dem Telefonat erledigt werden müssen, etwa Katalog versenden, Angebot abgeben, Bestellung bearbeiten, Außendienst wegen eines Besuches informieren usw. Auch wenn Ihr Kollege zurückrufen soll, ist für ihn wichtig, im Vorfeld zu wissen, um was es geht. ❑ ❑
8. Nicht vergessen: Alle Angaben gehören in die EDV-Datenbank. ❑ ❑
9. Ein entsprechender Berichts-Notizzettel kann so ausschauen:

Berichts-Notizzettel			
Bearbeiter:	**Datum:**	**Uhrzeit:**	**Vorlage KW**
Gesprächspartner:		**Abteilung:**	
Firma:		**Telefon:**	
		Telefax:	
		E-Mail:	
Gesprächsziele/-inhalte – Kurzprotokoll des Gesprächs			
Informationen zum persönlich-privaten Bereich			
Aktivitäten			
❑ Ruft wieder an am		um	Uhr
❑ Rückruf am		um	Uhr
❑ Wünscht Besuch am		um	Uhr
❑ Schickt Anfrage		um	Uhr
❑ Wünscht Angebot			
❑ Bestellung über			
❑ Unterlagen / Muster senden:			
Sonstiges			

Der strategische Aspekt der Nachbereitung: Das Highlander-Prinzip

Bisher haben wir über Aktivitäten gesprochen, von denen man verlangen kann, dass sie die Mehrzahl der Telefonverkäufer beherzigt und beherrscht. Aber der Spitzenverkäufer hat mehr im Sinn, als das operative Selbstverständlichkeiten-ABC in Top-Qualität umzusetzen. Er verfolgt mit der Nachbereitung übergeordnete Ziele:

- Er will zum strategischen Partner des Kunden werden.
- Der Kunde soll zum Stammkunden werden, der Verkäufer – und sein Unternehmen, denn dies wird der einzelne Verkäufer kaum allein verwirklichen können – möchten sich dem Kunden unentbehrlich machen.
- Der Kunde soll der festen Überzeugung sein: „Es kann für mich nur einen geben – diesen Verkäufer und sein Unternehmen und die Nutzen, die ich durch sie erfahre!"

Das ist mit „Highlander-Prinzip" gemeint. Es hat zum Ziel, den Kunden zu überzeugen, dass Sie und Ihr Unternehmen als *einziger Wettbewerber* zur Gesamtentwicklung des Unternehmens beitragen können. Sie sind für den Kunden ein Prozessbegleiter auf dem Weg zum Erfolg.

Dieses Prinzip können Sie verwirklichen, wenn Sie neben dem Sofortabschluss weitere Potenziale des Kunden für sich und Ihre Firma zugänglich, ihn also zum Stammkunden machen wollen.

▶ **Praxis-Tipp: Werden Sie zum Highlander** Stellen Sie Ihre Nachbereitung unter das strategische Ziel: „Der Kunde soll zum Stammkunden werden!"

Bauen Sie ein ganzheitliches Stammkundenmanagement auf

Ihre gesamte Nachbetreuung ist darauf abgestellt, den Kunden als Geschäftsfreund zu gewinnen und die Prozesse des Kunden oder in dem Kundenunternehmen aus dem Effeff zu kennen und über seine strategische und natürlich auch operative Ausrichtung genauestens Bescheid zu wissen. Dazu müssen Sie zum Experten für Ihren Kunden werden, der als Außenstehender die Schmerzpunkte oft besser zu analysieren vermag als das Management des Unternehmens selbst. Schmerzpunkte, die das Management nicht sieht, weil es in einer Black Box gefangen ist, so dass es über den Tellerrand des operativen Geschäfts nicht hinausschauen kann.

Und hier treten Sie auf den Plan – ein Beispiel: Im Verkaufsgespräch weisen Sie den Kunden darauf hin, welche Konsequenzen etwa der Kauf eines hochwertigen Produkts für die Prozessabläufe in seiner Abteilung hat, aber auch für andere Abteilungen und für die Gesamtunternehmung.

▸ **Praxis-Tipp: Sie sind kein „kleiner" Telefonverkäufer** Zweifeln Sie nicht daran, Sie als Telefonverkäufer könnten einen wichtigen Beitrag leisten, dass Ihr Untenehmen und Sie sich zum „Analysten" und Prozessbegleiter des Kundenunternehmens entwickeln. Natürlich: Sie benötigen Hilfe. Aber Sie sind in aller Regel der erste Mensch in Ihrem Unternehmen, der den Kontakt zum neuen Kunden aufbaut. Und: Sie legen den Vertrauens-Grundstein für eine nachhaltige Kundenbeziehung. Ihre Art der Kundenbetreuung und der Nachbereitung ist mitentscheidend für den langfristigen Vertrauensaufbau.

Ihr Ziel sollte es also sein, einen ganzheitlichen Kundenbetreuungsprozess anzubieten, der von der Problemanalyse über die Beratung bis zur Planung, Umsetzung und Erfolgskontrolle reicht. Dabei müssen Sie in den Kategorien und Prozessketten des Kunden denken und handeln – und manchmal sogar etwas mehr.

Entwickeln Sie sich zum Prozessbegleiter Ihres Kundenunternehmens

Wie aber werden Sie zum Highlander? Leider gibt es kein Patentrezept. Zur Verwirklichung des Highlander-Prinzips müssen Sie nicht nur die im siebten Kapitel beschriebenen Methoden der Nachbereitung auf die höchstmögliche Stufe der Könnerschaft und Exzellenz treiben. Es ist vielmehr notwendig, *alle* von uns genannten Strategien, Techniken und Methoden meisterlich anzuwenden.

► **Praxis-Tipp: Networken Sie** Versuchen Sie, sich innerhalb des Kundenunternehmens weiterempfehlen zu lassen und so ein unternehmensinternes Beziehungsnetzwerk aufzubauen. Sie sollten Ihr Profil über mehrere Kompetenz- und Hierarchieebenen hinweg schärfen und die horizontale und vertikale Kundenentwicklung mit vorantreiben.

Die Idealvorstellung: Aufgrund Ihres Insiderwissens, das Sie über das Unternehmen haben, sind Sie in der Lage, antizipativ die Ziele, Wünsche und Vorstellungen des Kunden zu erfassen und Problemlösungen zu präsentieren, bevor das Kundenunternehmen überhaupt erst erkannt hat, dass es solch ein Problem hat.

So werden Sie zum Vordenker des Unternehmens, der von der Konkurrenz, die über dieses Insiderwissen nicht verfügt, kaum verdrängt werden kann – auch nicht über den Preiswettkampf.

Ihr Leitmotiv als Vordenker Ihrer Kunden lautet: „Sei kreativ und innovativ, sei multiplikativ, sei unkompliziert, sei beziehungsstark, sei offen und unkonventionell, sei hilfsbereit und biete deine Hilfe in der Weise an, dass deine Aktivitäten zur Gesamtentwicklung des Kunden beitragen! Gehe neue und unbekannte Wege, verlasse die ausgetretenen Trampelpfade, auf denen sich jeder tummelt! Und vermeide es, immer nur die traditionellen Verkaufsstrategien anzuwenden!"

▶ **Praxis-Tipp: Setzen Sie die Umkehrtechnik ein** Ungewöhnliche Ziele verlangen ungewöhnliche Maßnahmen: Veranstalten Sie mit Kollegen ein Brainstorming, in dem Sie die „Umkehrtechnik" in den Mittelpunkt stellen.

- Ziel ist es, kreative Ideen zu finden, wie Sie Kunden zu Stammkunden machen. Die Ideen müssen nicht nur, aber auch dem Bereich der Nachbereitung entstammen.
- Grundlage ist, das Brainstorming mit einer höchst ungewöhnlichen Fragestellung zu beginnen. Die Frage ist nicht: „Was können wir tun, um Stammkunden zu gewinnen?" Die Fragestellung wird geändert – Ihre Kollegen und Sie beschäftigen sich mit der ungewöhnlichen Aufgabe: „Wie können wir es verhindern, Stammkunden zu gewinnen?" So entsteht eine Liste mit zahlreichen Ideen, wie Kunden nicht dazu gebracht werden können, zu Stammkunden zu werden.

Eine mögliche Fragestellung ist auch: „Wie muss unsere Nachbereitung aussehen, damit wir möglichst viele Kunden verscheuchen?"

- In einem zweiten Schritt überlegen Sie sich Gegenmaßnahmen: „Was können wir tun, um unsere Kunden zu Stammkunden zu entwickeln und die Kundenbindung zu erhöhen?" Als Ideenanker dienen die zuvor formulierten „Verhinderungsmaßnahmen". Auf elegante Art und Weise werden die Kollegen und Sie motiviert, Strategien und Umsetzungsmaßnahmen zu kreieren, durch die Sie Stammkunden gewinnen. Dabei sind folgende Ansatzpunkte denkbar:
- Was ist mit dieser Firma, was mit diesem Kunden noch möglich?
- Wie sieht die Entwicklung des Unternehmens in der Zukunft aus, wo liegen die Problembereiche etwa im Fertigungs- bzw. im Vertriebsprozess?
- Wie ist der Vertrieb des Kunden aufgestellt, welche Positionierung hat oder strebt die Firma im Markt an?
- Und immer wieder die Frage: Wie können wir den Kunden bei seiner Entwicklung unterstützen?

Hier schließt sich der Kreis des Highlander-Konzepts: Der Versuch, die Konkurrenz unter dem Motto „Es kann nur einen geben!" für immer zu verdrängen, gelingt nur, wenn das Wissen über die Prozessabläufe im Kundenunternehmen nahezu unbegrenzt ist. Dann können Sie in dem Brainstorming kundenindividuelle Vorschläge erarbeiten, die punktgenau auf das Kundenunternehmen zugeschnitten sind.

Nachbereitung und aktives Selbsttraining

Jedes Kundengespräch am Telefon bietet Ihnen die Möglichkeit, Ihre Gesprächsstrategie und Ihren Gesprächsleitfaden zu überprüfen und Korrekturen vorzunehmen. Sie überlegen, was gut, was schlecht gelaufen ist und in welchen Bereichen Sie sich verbessern können. Der selbstreflexive Blick in den Spiegel gehört zu einer professionellen Nachbereitung, die dazu führen soll, einen kontinuierlichen Verbesserungsprozess in Gang zu setzen.

Dazu können Sie – zum Beispiel – die einzelnen Positionen Ihres Gesprächsleitfadens durchgehen und sich fragen, ob es Verbesserungspotenzial gibt. Natürlich folgt jeder Telefonverkäufer seiner individuellen Gesprächsstrategie – denkbar aber wäre folgendes Vorgehen:

- Phase „Beziehung und Vertrauen aufbauen“: Was kann verbessert werden? Welcher interessante Gesprächsaufhänger kann beim nächsten Gespräch mit dem Kunden gewählt werden?
- Phase „Kundenwünsche feststellen“: Wie ist die Bedarfsermittlung durchgeführt worden? Welche Fragen haben geholfen, die „Welt des Kunden“ zu betreten und Näheres über seine Wünsche und Bedürfnisse zu erfahren? Konnte der Nutzen erfragt werden, den sich der Kunde von dem Produkt oder der Dienstleistung erhofft?
- Angebotsphase: Wie wurde das Angebot auf den Bedarf des Kunden zugeschnitten? Wie verlief die kundennutzenorientierte Argumentation? Welche Kaufmotive des Kunden wurden berücksichtigt?
- Phase „Einwandbehandlung“: Wie konnten Einwände von Vorwänden unterschieden werden? Welche Fragen haben geholfen,

die Einwände zu hinterfragen und nähere Informationen zu ihnen zu erhalten? Wie ist die Preisverhandlung abgelaufen?

- Abschlussphase: Wie ist die Abschlussfrage formuliert worden? War es der richtige Zeitpunkt? Ist das Thema „Weiterempfehlung" angesprochen worden?

Für jede Phase sollten Sie auch Ihr persönliches Verhalten als Verkäufer und als Kundenbeziehungsmanager reflektieren: Welche Verhaltensstärken und -schwächen hat das Gespräch zum Vorschein gebracht? Wie haben Sie sich in kritischen Gesprächssituationen verhalten – als der Gesprächspartner zum Beispiel Ihrer Argumentation heftig widersprochen, sich beschwert oder Sie unter Druck zu setzen versucht hat?

Lernen als kontinuierlicher Verbesserungsprozess

Häufig haben Verkäufer falsche Vorstellungen darüber, wie sie ihr Verhalten verändern können. Die Mehrheit wünscht sich, sofort und direkt auf ein gewünschtes Niveau gehoben zu werden. Doch Verhaltensänderungen erfordern in der Regel ein intensives Training oder Coaching sowie die permanente Wiederholung des „neuen" Verhaltens.

Besonders wichtig: Der Lernprozess geht stufenweise vor sich und ist im Prinzip nie abgeschlossen: Wenn Sie die Basisstufe des neuen Verhaltens erklommen haben, können Sie darauf aufbauen und erst dann explizit den nächsten Lernschritt in Angriff nehmen. Sie erreichen ein neues Niveau, um dort wiederum neue und weiterführende Fertigkeiten einzuüben. Dabei gibt es auch Rückschläge, und zwar in Form von Fehlern, die aber eigentlich – wir haben es bereits im ersten Kapitel erwähnt – Resultate auf dem Weg zum Ziel sind.

Das Selbsttraining ist der Schlüssel zum langfristigen Erfolg jedes Verkäufers. Dabei gilt zumeist: Wir haben kein Erkenntnisproblem, sondern vielmehr ein Umsetzungsproblem. Der „innere Schweinehund", liebgewordene Gewohnheiten und eingeschliffene Verhaltensschemata hindern uns daran, die gewonnene Einsicht, etwas ändern zu müssen, auch in die Tat umzusetzen. Was also ist zu tun?

Führen Sie ein Umsetzungstagebuch

Zunächst einmal müssen Sie sich in der Praxis selbst trainieren – täglich und ganz bewusst. Sie selbst sind für Ihre Fortschritte und Weiterentwicklung verantwortlich. Das Training findet in der Weise statt, dass Sie sich zum Beispiel vor einem Gespräch messbare Ziele setzen und beschreiben, wie Sie diese Ziele erreichen möchten. Nach dem Gespräch fragen Sie sich selbst: „Was ist gut gelaufen, was nicht, und warum? Was muss ich beim nächsten Mal anders machen?"

Das Problem: Oft fallen uns in den Gesprächen etwa die „richtigen" und angemessenen Formulierungen nicht ein. Kurz nach dem Gespräch allerdings kommt es dann: „Wenn ich nur… gesagt hätte…" Man ist einfach schlauer, wenn man aus dem Rathaus kommt. Doch was jetzt mit der Schlauheit gemacht wird, ist entscheidend. Unser Vorschlag: Halten Sie Ihre Erkenntnisse in einem „Umsetzungstagebuch" fest.

► **Praxis-Tipp: Nehmen Sie sich Zeit zur Reflexion**

- Richten Sie zu einem festen Zeitpunkt – zum Beispiel Freitagmorgen von 8 bis 8.30 Uhr – eine Reflexionshalbestunde ein, in der Sie nichts anderes tun, als Ihr Verhal-

ten in den Kundengesprächen zu analysieren und das Umsetzungstagebuch zu führen.
- Diese halbe Stunde ist für Sie verbindlich und muss wie ein wichtiger Kundentermin unbedingt eingehalten werden.

Durch die bewusste Reflexion der Verhaltensweisen, die Sie im Gespräch gezeigt haben, legen Sie neuronale „Schienen", die es Ihnen in der nächsten Gesprächssituation ermöglichen, neue Ideen in konkretes Verhalten umzusetzen.

Ihr Umsetzungstagebuch besteht aus zwei Teilen:

Umsetzungstagebuch – Teil 1

Name

Kalenderwoche

Nr.	Datum	Name Gesprächspartner	Mein Ziel in diesem Kontakt!	Erreicht		Was habe ich gut gemacht?	Was mache ich beim nächsten Mal anders? – Und wie?
				Ja	Nein		

Welche Ergebnisse (Stückzahlen/Summen/Produkte) habe ich erreicht?

Name ______________________________

Kalenderwoche ______________________________

Die Zahlen

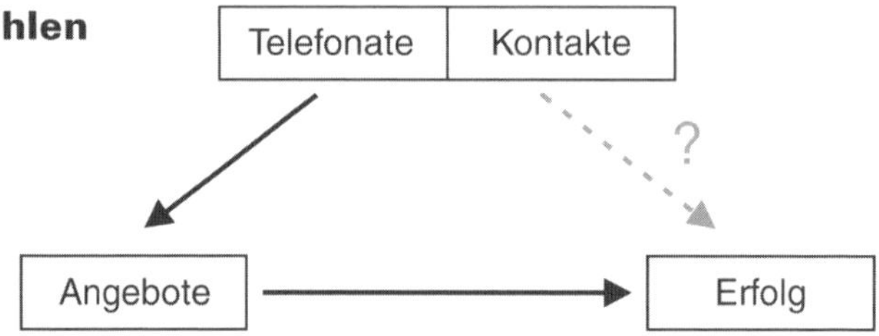

Persönliche Interpretation der Zahlen ______________________________

Was habe ich gut gemacht? ______________________________

Was mache ich ab jetzt anders? ______________________________

Mein Vorhaben für die kommende Woche ______________________________

Fazit

- Räumen Sie der Nachbereitungsphase den Stellenwert ein, der ihr angemessen ist.
- Nutzen Sie die Nachbereitung, um das Telefongespräch mit dem Kunden zu analysieren, die erhaltenen Informationen – und zwar die geschäftlichen und die privat-persönlichen – in Ihre Datenbank einzupflegen und Vereinbarungen konsequent einzuhalten.
- Stellen Sie die Nachbereitung unter das Leitmotiv, sich unersetzlich für den Kunden zu machen (Highlander-Prinzip).
- Führen Sie ein Umsetzungstagebuch.

Test: Wie professionell ist Ihre Nachbereitung?

	Ja	Nein
• Nutzen Sie die Ergebnisse eines Telefonats, um nach Verbesserungspotenzialen Ausschau zu halten?	❑	❑
• Nutzen Sie die Ergebnisse, um die Strategie der weiteren Kundengespräche zu überdenken?	❑	❑
• Sammeln Sie in einer Datenbank alle Angaben zum Kunden und die Ergebnisse jeden Kundenkontakts?	❑	❑
• Sind Sie schon einmal von Kunden für die prompte Einhaltung Ihrer Zusagen gelobt worden?	❑	❑
• Setzen Sie Strategien, Methoden und Techniken ein, um Kunden zu Stammkunden zu machen?	❑	❑
• Informieren Sie sich in der Presse und im Internet über Entwicklungen in Ihren Kundenunternehmen?	❑	❑
• Kennen Sie die Prozessabläufe in ihren Kundenunternehmen?	❑	❑

Fazit

Bei mehr als drei „Neins“: Sie behandeln die Nachbereitung wie ein Stiefkind. Überlegen Sie, welche Nachbereitungsrituale Ihnen helfen können, dies zu ändern.

Exkurs 4 Die fünf wichtigsten Prinzipien erfolgreichen Telefonierens

Jeder von Ihnen wird seine persönlichen Erfolgsprinzipien haben, die aus Ihrer Sicht entscheidend für den Erfolg am Telefon sind. Trotzdem aber gibt es einige grundsätzliche Haltungen und Grundsätze, die für jeden Telefonverkäufer eine überragende Bedeutung besitzen. Diese Haltungen und Grundsätze wollen wir in diesem Exkurs zusammenfassend darstellen.

Erfolgsprinzip 1: Ihre Einstellung ist entscheidend

In unseren zahlreichen Seminaren und Coachings mit Telefonverkäufern haben wir eine feste Überzeugung gewonnen: Der Top-Telefonverkäufer unterscheidet sich vom guten und erst recht vom durchschnittlichen Verkäufer durch seine Einstellung. Es kommt sogar vor, dass der Top-Telefonverkäufer gar nicht die allerneueste Verkaufstechnik kennt, gar nicht derjenige ist, der sich auf allen Kompetenzgebieten Bestnoten verdient. Aber in ihm lodert das Feuer der Begeisterung. Er ist begeistert – und kann darum andere begeistern. Und wenn es einmal von unbefriedigenden Resultaten zu ersticken droht, ist er in der Lage, sich am eigenen Schopf aus dem Demotivationsloch zu ziehen, eine realistische Bestandsaufnahme vorzunehmen, sich seiner Stärken zu erinnern – und mit neuem Feuereifer ins nächste Telefonat einzusteigen.

„Nur wer selbst brennt, kann Feuer in anderen entfachen." Wir sind nicht die ersten, die den Kirchenvater Augustinus mit diesem Ausspruch zitieren – aber er beschreibt so treffend den Zusammenhang zwischen Einstellung und Wirkung: Wer von seiner Sache überzeugt ist, wer an seine Produkte, seine Dienstleistungen, seine Firma, die er vertritt, glaubt, kann das Feuer der Begeisterung im Kunden entfachen. Oder anders ausgedrückt: Sie definieren und empfinden Ihre Tätigkeit am Telefon nicht als Job, sondern als Berufung.

Entscheidend ist also Ihre Einstellung zu Ihrer Tätigkeit – und darum stehen die meisten der weiteren Erfolgsprinzipien damit in einem Zusammenhang.

Erfolgsprinzip 2: Sie vertrauen und achten

Sie müssen sich vertrauen und auch Ihrer Firma höchstes Vertrauen entgegen bringen können. Dasselbe gilt für die Produkte und

Dienstleistungen, die Sie verkaufen. Sie müssen ihnen vertrauen, von ihrer Qualität überzeugt sein. Sie müssen sicher sein können, dass Sie Ihren Kunden Lösungen anbieten, die ihr Problem lösen.

Eine große Rolle spielt zudem der Begriff der Achtung. Sie müssen sich selbst achten, auf sich selbst achten, Achtung haben vor dem Kunden, vor den Mitmenschen, vor der Firma, vor dem Produkt und der Dienstleistung.

Natürlich sollten jenes Vertrauen und jene Achtung von der Wirklichkeit legitimiert sein – und das bedeutet: Sie sind darauf angewiesen, tatsächlich Spitzenartikel anbieten zu können. Sollten Sie zu der Ansicht gelangen, dass dies nicht der Fall ist, sollten Sie also berechtigte Zweifel an der Qualität dessen haben, was Sie Ihren Gesprächspartnern am Telefon anbieten, bleibt nur der Schritt, sich von Produkt, Dienstleistung und Firma zu trennen. Denn das nächste Prinzip lautet:

Erfolgsprinzip 3: Sie verkaufen von Mensch zu Mensch

Zeigen Sie wahrhaftes Interesse für den Menschen, dann wird er Ihr Kunde: Erfolgreiche Telefonverkäufer verstehen jeden Kundenkontakt, jedes Telefonat als einmalige und individuelle Interaktion zwischen zwei Menschen. Natürlich wollen Sie verkaufen, natürlich müssen Sie verkaufen – aber Sie sehen im Gesprächspartner in erster Linie keine Einnahmequelle, sondern Sie respektieren den Kunden als Menschen, als gleichberechtigten Partner.

Und Sie wissen, dass jeder Mensch ein Universum für sich ist und jeder in seiner eigenen Welt lebt. Jeder hält sich für den Mittelpunkt der Welt – während es doch immer nur der Mittelpunkt der eigenen kleinen Welt ist. Und weil Sie das wissen, sind Sie in der Lage, im Telefongespräch von sich selbst abzusehen und dem Gesprächspartner zu helfen, Mittelpunkt *seiner* Welt zu sein. Das heißt: Sie dienen dem Kunden dabei, dass dieser Mittelpunkt *seiner* Welt sein kann.

Erfolgsprinzip 4: Sie sind glaubwürdig und authentisch

Im Mai/Juni 2007 hatten Telefonverkäufer keinen leichten Stand. Der Schriftsteller Günter Wallraff hatte sich in zwei Kölner Call Center eingeschleust und diese als Ausbeutungszentren, als „Bergwerke der Neuzeit" beschrieben. Die Agents – ausgebeutete Arbeitnehmer, die zuweilen unlautere Geschäftsgebaren an den Tag legen müssen. Ein Artikel im SPIEGEL mit der Titelzeile „Das Gewissen abschalten" zeigte dann ebenfalls die schlechten Arbeitsbedingungen der Agents auf und beschrieb die skrupellose Vorgehensweise so mancher Telefonverkäufer, die vom Management zumeist geradezu gefordert wird. Eine ganze Branche schien in Verruf zu geraten.

Sicher ist: Sie können und wollen Ihre Kunden nicht betrügen oder belügen. Natürlich sind wir alle von den berühmt-berüchtigten Sachzwängen abhängig, und jeder Telefonverkäufer wird Situationen kennen, in denen er seine Gesprächspartner vor allem genervt hat. Aber das darf nicht zur Methode werden – denn ansonst werden Sie unglücklich in Ihrem Beruf.

Hinzu kommt: Der Kunde spürt sofort, wenn Sie nicht hundertprozentig hinter „Ihrer" Sache stehen, wenn Überzeugung, Einstellung und Denken auf der einen Seite, geäußertes Wort und Handlungen auf der anderen nicht übereinstimmen. Wer sich verbiegt, verliert nicht nur den Respekt vor sich selbst, sondern auch den Kunden.

Kundenorientierung und Vertrauensaufbau gelingen, wenn Sie dem Kunden glaubwürdig und authentisch begegnen. Von dem

Kommunikationsexperten Robert Dilts stammt das Konzept der „Pyramide der logischen Ebenen“:

- erste und unterste Ebene: „Kontext, Mitwelt und Umwelt“,
- zweite Ebene: „Verhalten“ (die konkreten Handlungen),
- dritte Ebene: „Fähigkeiten“ – Reservoir an Kompetenzen und Qualifikationen,
- vierte Ebene: „Überzeugungen, Einstellungen, Werte und Glaubenssätze“,
- fünfte Ebene: „Identität“ – Auffassung, die der Mensch über sich hat, und
- sechste und oberste Ebene: „Vision, Mission, Ziel“.

Pyramide der logischen Ebenen nach Robert Dilts

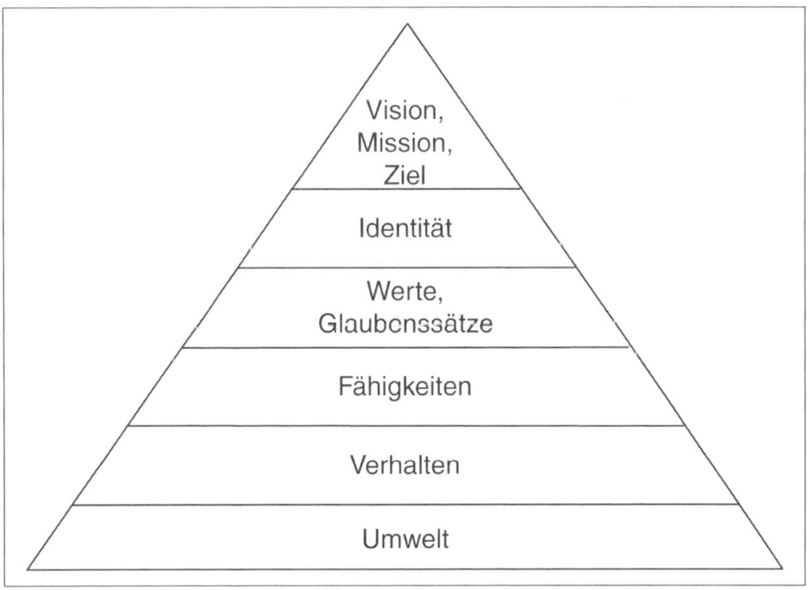

Dilts' Konzept besagt, dass derjenige glaubwürdige Beziehungen zum Mitmenschen aufbauen kann, der in der Lage ist, die verschiedenen Ebenen miteinander zu harmonisieren. Das Verhalten muss stimmig sein – und das ist der Fall, wenn es bei einem Menschen keinen Widerspruch zwischen seinen Werten, Überzeugungen, seinen Fähigkeiten und Verhaltensweisen gibt. Ein Verkäufer muss deshalb in seinen Kundenkontakten voll und ganz hinter dem stehen, was er sagt und tut. Der Weg, zu mehr Kongruenz und Authentizität zu gelangen, führt über ein Verhalten, das den eigenen Werten entspricht. Nur dann kann eine persönliche Beziehung entstehen, die von einem hohen Grad an Glaubwürdigkeit geprägt ist.

Ein Kunde wird einen Telefonverkäufer, wird Sie dann als kongruente und in sich stimmige Persönlichkeit wahrnehmen, wenn Ihr Verhalten:

- von Ihren Fähigkeiten getragen wird, Sie also sowohl über die fachlichen als auch menschlich-sozialen Kompetenzen verfügen, den Kunden optimal zu beraten,
- nicht im Widerspruch zu Ihren Überzeugungen steht, mithin Ihr Bemühen, Vertrauen aufzubauen, von einer kundenorientierten Einstellung getragen wird,
- mit Ihrer Identität in Übereinstimmung steht,
- die Gegebenheiten des sozialen Umfeldes berücksichtigt.

Wenn dies gegeben ist, sind Sie mit Ihrer Arbeit und Ihren Zielen wirklich „eins“, Sie sind ein harmonischer Mensch, dessen Wertgefüge in Balance ist – und das merkt der Kunde.

Um nicht falsch verstanden zu werden: Zwar räumen Top-Verkäufer den Wünschen ihrer Kunden und dem Kundennutzen oberste Priorität ein, sie verstehen sich als Problemlöser ihrer Kunden. Und sie sind glaubwürdig und authentisch. Aber ihr Handeln ist auch am ökonomischen Motiv ausgerichtet, sie arbeiten zugleich erfolgsorientiert. Das heißt: Die Einstellung des Top-Telefonverkäufers ist eine Mischung aus

- einer altruistisch geprägten, auf den Kunden ausgerichteten Motivation,
- einer egoistisch gefärbten und auf den eigenen Nutzen bedachten Motivation und
- einem hohen Grad an Authentizität.

Erfolgsprinzip 5: Sie sind bereit zum lebenslangen Lernen und Kompetenzerwerb

Natürlich – die Einstellung ist entscheidend. Aber selbstredend müssen die Kompetenzen hinzukommen, all die Fähigkeiten und Qualifikationen, die wir in diesem Buch genannt haben, nun aber nicht wiederholen möchten. Denn das würde heißen, die drei Teile zur Vorbereitung, Durchführung und Nachbereitung des Telefonats noch einmal zu schreiben.

Trotzdem wollen wir uns nicht aus der Verantwortung stehlen: Die folgende Übersicht fasst die unserer Meinung nach wichtigsten Kompetenzfelder zusammen. Bitte nutzen Sie die Gelegenheit und prüfen Sie, wie ausgeprägt sie bei Ihnen sind.

Die Kompetenzfelder des Telefonverkäufers	**Ausprägung**		
	stark	**mittel**	**schwach**
Empathie			
• Wahrnehmen der Kundensituation und des Umfeldes	❑	❑	❑
• Einfühlen in den Kunden und seine Bedürfnisse	❑	❑	❑
• Zuhörkompetenz	❑	❑	❑
• Partnerbezogene Formulierungen	❑	❑	❑
• Nonverbale Kommunikation	❑	❑	❑
Egodrive			
• Innerer Antrieb/Überzeugungskraft	❑	❑	❑
• Zielgerichtete Gesprächsführung	❑	❑	❑
• Nachdruck in der Argumentation	❑	❑	❑
• Stehvermögen bei Schwierigkeiten	❑	❑	❑
• Durchsetzungsvermögen	❑	❑	❑
Emotionalität			
• Blickkontakt	❑	❑	❑
• Freundlichkeit	❑	❑	❑
• Kontaktaufnahme: Aufbau der Beziehungsebene	❑	❑	❑
• Ansprache von gefühlsmäßigen Motiven	❑	❑	❑
• Auflockerung des Gesprächs	❑	❑	❑

Notwendige Kompetenzen zur Ausübung einer Tätigkeit unterliegen einem Wandel. Wir wagen die Prognose, dass die Übersicht in ein oder zwei Jahren anders, in fünf Jahren sehr viel anders aussehen wird. Und darum gehört es zum fünften Erfolgsprinzip, dass Sie bereit und fähig sind, durch Aus- und Weiterbildungen, durch Seminare, Trainings und Coachings, aber auch durch Selbststudium – Bücher, Kassetten, Lehrfilme – permanent an Ihrer persönlichen beruflichen Weiterentwicklung zu arbeiten.

Dass wir in einer „Long Life Learning Society" leben, ist kein neuer Gedanke. Die Diskussionen um notwendige Schlüsselkompetenzen oder die Frage, ob man sich eher zum Generalisten oder zum Spezialisten entwickeln soll – all dies ist der Tatsache geschuldet, dass das „lebenslängliche" Lernen längst Lebensnotwendigkeit ist. Auch von Ihnen verlangt der Arbeitsmarkt, dass Sie durch kontinuierliche Weiterqualifikation und Weiterbildung Ihre Beschäftigungsfähigkeit zielgerichtet und langfristig sichern. Sie müssen Ihre mentalen, persönlichen und beruflichen Kompetenzen *eigeninitiativ und aktiv* weiterentwickeln.

Der Weg dorthin: Prüfen und analysieren Sie ständig, welche Kompetenzen Sie benötigen, um Ihrer Berufung nachgehen zu können. Und dann: Über welche dieser Fähigkeiten verfügen Sie, über welche nicht? Der Diagnose schließt sich die Therapie an – etwa die Teilnahme an den geeigneten Weiterbildungsmaßnahmen.

Teil IV
Die Wichtigsten Gesprächssituationen am Telefon – und wie Sie sie bewältigen

In unserem abschließenden Kapitel wollen wir Ihnen konkrete Tipps für die Bewältigung typischer Gesprächssituationen am Telefon geben. Natürlich erheben wir dabei keinen Anspruch auf Vollständigkeit – nehmen Sie doch bitte mit uns, den Autoren, Kontakt auf, wenn Sie einer Gesprächssituation begegnen, für die hier in diesem Buch kein Lösungsvorschlag genannt ist.

Jedes Telefonat ist individuell, jedes Gespräch ein Kontakt von Mensch zu Mensch. Trotzdem werden wir Ihnen wo immer möglich Telefonskripte mit idealtypischen Gesprächsverläufen und Checklisten präsentieren, die Sie natürlich Ihren Bedürfnissen anpassen müssen.

8 Tipps für spezifische Herausforderungen am Telefon

- Neukundenakquisition und Terminvereinbarung
- Angebote nachtelefonieren und nachfassen
- Preisgespräch
- Reklamationsgespräch
- Mahngespräch
- Kunden zurückgewinnen

Nach unserer Trainingserfahrung sind die folgenden Situationen die häufigsten und zumeist auch heikelsten Herausforderungen für den Telefonverkäufer:

- Neukundenakquisition und Terminvereinbarung
- Angebote nachtelefonieren und nachfassen
- Preisgespräch
- Reklamationsgespräch
- Mahngespräch
- Kunden zurückgewinnen

L. Stempfle, R. Zartmann, *Aktiv verkaufen am Telefon*,
DOI 10.1007/978-3-658-02990-6_8,

So nutzen Sie das Telefon zur Neukundenakquisition und Terminvereinbarung

Bevor Sie in den Kaltkontakt gehen, sollten Sie sich „aufwärmen" und sich zwei Bilder vom Kunden machen, die Sie motivieren und Sie mit Spaß und Begeisterung zum Telefonhörer greifen lassen:

- auf fachlich rationaler Ebene: Was weiß ich alles? Was möchte ich alles in Erfahrung bringen?
- auf emotional gefühlsmäßiger Ebene: Weshalb freue ich mich auf den nächsten Gesprächspartner? Welchen Spaß werden wir miteinander haben können?

Zudem checken Sie die vorliegenden Kundendaten:

- Welche Vorgänge laufen rund um den Kunden ab, etwa Serviceeinsätze und Außendienstkontakte?
- Wann erfolgte der letzte Auftrag? Wie viel hat er insgesamt gekauft? Gibt es einen „Kaufrhythmus"?
- Welche Produkte oder Dienstleistungen hat er zu welchen Konditionen geordert?

Nun müssen Sie noch Ihre Gesprächsziele definieren – geht es Ihnen vor allem:

- um den Auftrag,
- um die Informationsbeschaffung,
- um den guten Beziehungsaufbau,
- darum, den Kunden zu begeistern, oder
- mehrere oder alle Ziele?

Führen Sie den Erstkontakt zum Erfolg

Und dann geht es los – natürlich mit der Namensnennung. Am besten, Sie nennen erst Ihren Nachnamen – und dann noch einmal Vor- und Nachnamen. Diese Vorgehensweise ist wichtig beim Kaltkontakt, denn

- durch die Wiederholung des Namens kann Sie der Kunde leichter verstehen,
- die Nennung des Vornamens ist ein Beziehungssignal und
- das Geschlecht und damit die Anrede werden durch den Vornamen definiert – jedenfalls meistens und wenn Sie nicht gerade Kim mit Vornamen heißen.

▶ **Praxis-Tipp: Kommen Sie direkt zur Sache**

- Vermeiden Sie die Frage „Kennen Sie uns?". Sie bringt den Gesprächspartner nur in Verlegenheit – muss er die Frage verneinen, steht er als unwissender Depp da. So zumindest wird er seine Unwissenheit vielleicht interpretieren.
- Sagen Sie vielmehr sofort, was Ihr Unternehmen macht und in welchem Marktsegment Sie sich tummeln: „Wir sind ein Unternehmen der …Branche und führender Hersteller für …" Mit dem Begriff „führender" heben Sie Ihr Unternehmen ab, ohne zu protzen und ohne anzugeben.

Nun müssen Sie überprüfen, ob Sie es mit dem richtigen Gesprächspartner zu tun haben. Vermeiden Sie dabei die Formulierung: „Bitte verbinden Sie mich mit jemanden aus (der Entwicklung).“ Denn dann werden Sie überall hin verbunden – nur nicht zu Ihrem richtigen Gesprächspartner. Treppen werden von oben nach unten gekehrt – da heißt: Lassen Sie sich möglichst mit dem verantwortlichen Leiter des Bereiches verbinden, der für Sie relevant ist.

Übrigens: Vielleicht werden Sie nun zuerst mit der Sekretärin oder der Assistenz Ihres Gesprächspartners verbunden. Lesen Sie dazu im zweiten Kapitel „Ziehen Sie die Sekretärin Ihres Kunden auf Ihre Seite“.

Das folgende Skript stammt aus der Praxis. Es geht um die Fremdkundenakquisition mit dem Ziel, die unbekannte Adresse zu qualifizieren und bei Bedarf einen Termin zu vereinbaren. Nach der Vorstellungsphase Ihrer Person und Ihrer Firma geht es so weiter:

- „… wir bieten Ihnen Innovationen und Lösungen, bei denen …“
- Wichtige Stichworte hierzu könnten sein:
  - Vereinfachungen schaffen und damit Kosten reduzieren bzw.
  - Bedienerkomfort erhöhen und sich damit von der Konkurrenz absetzen
  - „Hierzu können Ihnen unsere Produkte gute Dienste leisten, nämlich …“
- Nun folgt eine Frage wie: „Haben Sie schon einmal über diesen spezifischen Einsatz nachgedacht?“
- Lautet die Antwort „Ja“, fragen Sie nach dem Ergebnis:

Einsetzbar		Nicht einsetzbar	
Bereits im Einsatz Welche Qualitäten?	Noch nicht im Einsatz	Weshalb nicht?	
Mit wem arbeiten Sie zusammen?	Produkte/Ideen vorstellen	Ja, doch interessant	Nein
Mengen/Preis	Termin vorschlagen		Termin
Könnten Sie sich vorstellen, den Lieferanten zu wechseln?			
Ja Nein			
Termin Weshalb nicht?			

Lautet die Antwort „Nein, noch nicht darüber nachgedacht", sollten Sie versuchen, einen Termin zu vereinbaren, um dem Kunden den Nutzen Ihrer Produkte und Lösungsansätze aufzeigen zu können.

Setzen Sie die Technik des Bleistifttermins ein

„Ach, rufen Sie doch bitte in der KW XY wieder an." Das werden Sie bei der Kaltakquisition wahrscheinlich recht häufig zu hören bekommen. Hier hilft die Technik des „Bleistifttermins" weiter – und die funktioniert so:

- Sie haben ja Ihren Terminkalender vor sich liegen. „Mmh, Sie meinen wohl den Dienstag der KW XY, da wäre es zum Beispiel nicht schlecht, wenn wir miteinander zusammen kommen, ja."
- Wenn nun der Gesprächspartner antwortet: „Ja, zum Beispiel", sagen Sie: „Gut, dann halten wir doch einfach *pro forma* mit *Bleistift* den Dienstag, so gegen XY Uhr, fest, wann wir uns bei Ihnen treffen. Ist der Termin in Ordnung für Sie?"
- „Ja, doch, das geht. Steht ja noch nichts im Kalender."

Der Hintergrund: Mit dem vagen Begriff „Bleistift" assoziieren wir in der Regel „Radieren", und mit „pro forma" erreichen Sie bewusst zusätzlich eine vermeintliche Abschwächung. Nun stellen Sie sich vor, wie Ihr Gesprächspartner in Outlook oder Lotus Notes „pro forma mit Bleistift" einen Termin einträgt! Doch es wird uns immer wieder bestätigt: Es funktioniert.

Im Anschluss an die Terminvereinbarung empfehlen wir, eine schriftliche Terminbestätigung zu versenden. Der Kunde, den wir ja nicht „überfahren" wollen, hat so Zeit, sich die Angelegenheit noch einmal durch den Kopf gehen zu lassen. Doch wenn Sie eine saubere Argumentationsstrategie gefahren haben – so unsere Erfahrung –, erfolgt selten eine Terminstornierung.

Unmittelbar vor dem Termin ist es richtig, telefonisch noch einmal den Kontakt aufzunehmen. Doch nicht so: „Ich dachte, ich rufe lieber noch einmal an, um mich zu erkundigen, ob der Termin nun auch tatsächlich stattfindet." Die bessere und wirksamere Formulierung ist die ohne Wenn und Aber: „Wir haben am XY einen Termin miteinander bei Ihnen im Haus. Ich habe noch eine Frage, wo kann ich denn bei Ihnen mein Fahrzeug abstellen?" Mit der Frage im Anschluss an die Terminbestätigung lenken Sie Ihren Gesprächspartner auf ein anderes Themenfeld. Andere Formulierungsvorschläge sind:

- „Mein Navigationssystem war in letzter Zeit wegen der vielen Baustellen und Staus keine so große Hilfe. Haben Sie einen Tipp für mich, wie ich von A-Stadt am besten zu Ihnen komme?“
- „Es könnte sein, dass ich mich um kleine fünf Minuten verspäte. Ich hoffe, es entsteht daraus kein Problem für Sie? Allerdings setze ich alles dran, pünktlich bei Ihnen zu sein. Ist das in Ordnung?“

Praxis-Tipp: So kommen Sie zum Termin

- Schicken Sie Ihrem Gesprächspartner nach dem Ersttelefonat immer eine E-Mail zu: „Guten Tag, Herr Gesprächspartner, vielen Dank für das interessante Gespräch. Um es Ihnen einfacher zu machen, mich zu erreichen, sende ich Ihnen diese Mail mit meinen Kontaktdaten. Bis zum nächsten Mal – Autosignatur, Bild etc.“
- Knapp vier Wochen nach dem Ersttelefonat bauen Sie einen Zweitkontakt auf. Versenden Sie zum Beispiel eine aktuelle Broschüre mit den Worten: „… in unserem Telefonat haben Sie mir viel über Ihr Unternehmen erzählt. Hier meine, Gegenleistung' – das Neueste aus unserem Haus. Mit freundlichen Grüßen“. Auf der Broschüre vermerken Sie handschriftlich: „Freundliche Grüße – Unterschrift Vorname und Zuname“, lesbar (nicht Scheckunterschrift) – in blauer Farbe.
- Um den Kaltkontakt immer wieder anzuwärmen, sollten Sie regelmäßig bei dem Gesprächspartner vorsprechen und dabei immer auf den letzten Kontakt eingehen: „Hatten Sie schon Gelegenheit, sich die Broschüre anzuschauen?“ Oder: „Ich möchte Sie auf einen Punkt in der Broschüre hinweisen, aus dem sich eine ganz spezielle Lösungsstrategie für Sie ergibt …“

- Dieser Punkt ist dann beim nächsten Nachfass Ihr Einstiegsthema: „Bei der Broschüre habe ich Sie auf eine bestimmte Lösungsstrategie hingewiesen. Ist die Strategie bei Ihnen anwendbar?"

Angebote nachtelefonieren und nachfassen

Die letzten Tipps haben sich bereits mit dem Thema „Nachfassen" beschäftigt. Es gewinnt an Bedeutung, wenn Sie Ihr Angebot verschickt haben und nun nachfragen müssen. Fragen Sie sich bitte erst einmal:

- Weshalb telefonieren Sie Angebote nach?
- Was ist dabei Ihr Ziel?
- Was wollen Sie erreichen?

Diese Fragen sollten Sie vorab beantworten, um sich für das zuweilen mühsame Geschäft des Nachfassens zu motivieren.

Gehen Sie konsequent und zeitnah vor

Wichtig ist, die Angebote möglichst zeitnah nachzutelefonieren. Schon mancher Auftrag verlief im Sande, da das Nachfassen nicht konsequent und vor allem mit langem Zeitverzug erfolgte. Also forsch voran – mit Hilfe des folgenden Skripts:

	Beim richtigen Gesprächspartner landen – professionell begrüßen			
Sie	... Sie haben unser Angebot zu ... bekommen?			
Interessent	Ja.			
Sie	Ist alles o.k.?			
Interessent	Ja.	Bin noch nicht dazu gekommen.	Kann noch nicht entschieden werden.	Nein!
Sie	Fein, dann können wir ja alles in die Wege leiten, wenn Sie einverstanden sind. Wann sollen wir dann liefern, am ... oder am ...?	Wann sollen wir dann wieder telefonieren?	Weshalb nicht? Was können wir tun, um den Prozess zu beschleunigen? Und wenn es ganz allein nach Ihnen ginge: Bekämen wir dann den Auftrag?	Was fehlt? Oder ganz einfach: Weshalb nicht?

Bei länger zurückliegenden Angeboten können Sie die folgende Formulierung einsetzen: „Sie haben bei uns ein Angebot angefordert. Das ist nun XY Wochen her. Den Auftragseingang finde ich nun nirgends vermerkt. Was ist los, ist da etwas auf dem Weg zu uns verloren gegangen?“ Vielleicht bekommen Sie die Antwort, dass der Auftrag schon eine ganze Weile bei Ihnen vorliegen müsste. Deshalb keine falsche Scheu: Frisch gewagt ist halb gewonnen.

Wie Sie Einwänden begegnen, haben wir bereits ausführlich beleuchtet. Als erfahrender Telefonverkäufer wissen Sie, dass Ihnen gerade beim Nachfassen das inquisitorische „Nein“ des Kunden und Antworten wie „zu teuer“ immer wieder begegnen. Wichtig in dieser Situation ist, die Bedingungen auszuloten, unter denen eventuell doch noch ein Abschluss zustande kommen könnte – dazu ...

Eine kleine Geschichte
Ein kleiner Junge steht mit seiner Mutter an der Ladenkasse. Es ist so gegen 12 Uhr mittags. Der Knirps nimmt einen Schokoriegel und fragt Muttern: „Mama, bekomme ich den Schokoriegel?“ Die Antwort der Mutter lautet natürlich: „Nein!“ Kein Kind der Welt legt nun den Riegel zurück, vielmehr ist folgende Reaktion mehr als sicher: „Weshalb nicht?“ Darauf erwidert die Mutter: „Gleich gibt es Mittagessen, und mit dem Schokoriegel im Bauch isst du deinen Teller nicht leer!“ Ganz gescheit, nimmt der Kleine die Antwort auf und verwertet sie in seiner Reaktion: „Mama, ich verspreche dir – ich esse den Riegel erst nach dem Essen, bekomme ich ihn dann, ja?“

Was hat der Steppke an der Ladenkasse so perfekt gemacht? Er hat lediglich die Bedingungen beleuchtet, unter denen ein Abschluss zustande kommen kann. Das „Nein“ des Kunden in der Nachfassphase bedeutet also nicht in allen Fällen das Aus für Sie. Sie müssen hinter die Kulisse schauen. Enthält die Antwort eine Bedingung, an die noch nicht gedacht wurde, dann kann diese sogar als Abschlusshebel fungieren. Verstehen Sie das „Nein“ also nicht mehr als Ablehnung, sondern als Aufforderung. Verdeutlichen Sie sich: „Das Nein bedeutet, dass der Gesprächspartner weitere Informationen benötigt.“ So verliert das „Nein“ seinen Schrecken.

Reagieren Sie beim Nachfassen stets entspannt und gelassen. Nehmen Sie die Antworten des Gesprächspartners immer positiv auf, wenden Sie also selbst den Negativbescheid ins positive Fahrwasser. Betont der Gesprächspartner den „besseren Wettbewerb“, kontern Sie mit: „Interessant, was Sie da sagen. In welchen Bereichen, meinen Sie, ist die Konkurrenz denn besser?“ Hier sind Ihr Einfühlungsvermögen und Ihre Zuhörkompetenz gefordert. Machen Sie sich Notizen, halten Sie die Aussagen des Gesprächspartners fest und gehen Sie nicht gleich auf den erstbesten Punkt ein, den er nennt. Machen Sie sich erst ein ganzes Bild von der Sichtweise des Gesprächspartners. Seien Sie sich darüber bewusst, dass die Dinge häufig zwei Seiten haben und Sie nun herausfiltern wollen, welche der beiden Seiten der Gesprächspartner besonders beleuchtet. Dann erst fragen Sie: „Welcher dieser Punkte gibt für Sie denn letztlich den Ausschlag?"

Nun denken Sie bitte in den Kategorien des Kindes an der Ladenkasse – einfach und klar: „Das heißt also, wenn es mir gelingt, Ihnen zu zeigen, was wir gerade bei diesem für Sie so wichtigen Punkt leisten, gibt es doch noch eine Möglichkeit, zusammenzukommen?" Ist nun das „Ja" die Antwort, dann argumentieren Sie mit Herzblut für Ihre Lösung. Bei einem „Nein" bleiben Sie in Kontakt – und nutzen die nächste Chance.

▶ **Praxis-Tipp: Werden Sie bei „Verweigerern" deutlich**

- Bei Interessenten, die schon des Öfteren bei Ihnen angefragt haben und in der Nachfassphase eigentlich positiv reagieren, ohne allerdings jemals abgeschlossen zu haben, empfehlen wir, dieses Thema ganz offen anzusprechen: „Wir haben bei uns festgestellt, dass Sie immer wieder Angebote von uns anfordern, wir dann allerdings den Auftrag nicht erhalten. Das ist natürlich nicht in unserem Sinn – und wäre umgekehrt wohl auch bei Ihnen nicht in Ihrem Sinn. Deshalb gerade heraus: Wie sieht es aus, bekommen wir den Auftrag?"
- Die meisten Gesprächspartner nehmen den Hinweis positiv auf, und das Gespräch verläuft dann häufig sehr positiv.

- Denjenigen, die nun harsch reagieren, können wir nur dankbar sein, denn Sie sparen uns eine Menge Zeit – und damit auch Geld.
- Sie sind also immer auf der Gewinnerseite: Entweder machen Sie einen wichtigen Schritt in Richtung Auftrag – oder Sie sparen enorm viel Zeit.

Das Skript für das Angebotstelefonat – und ein Beispiel

In der Regel umfasst das Telefonat folgende Schritte:

1. Einstieg
- Begrüßung, Vorstellung, Bezug zum Angebot nehmen
- „Hatten Sie schon Gelegenheit, unser Angebot anzuschauen?"
- „Haben Sie noch Fragen zu unserem Angebot?"

2. Kontakt herstellen und Beziehung aufbauen
- Sicherstellen, dass die Anforderungen richtig sind
- Wiederholen der bekannten Nutzenfelder

3. Überleitung zum Angebot
Nutzen ableiten

- „Das bringt Ihnen ..."
- „Sie haben ... davon ..."
- „Das Ganze amortisiert sich, wenn ..."

4. Abschlussgespräch
Und hier ein konkretes **Beispiel** für ein Angebotstelefonat:

- „Guten Tag, Herr Kunde…, hier spricht Müller, Heinz Müller von der Firma XY."
- „Herr Kunde, Sie haben von mir ein Angebot erhalten zu … Hatten Sie bereits Gelegenheit, sich das Angebot anzusehen?"
- Jetzt geben Sie eine Zusammenfassung:
  - „Sie hatten folgende Anforderungen/ Anwendungen …, ist das richtig?"
  - Der Vorschlag enthält … und bietet Ihnen folgende Vorteile/ Zusatznutzen/Zusatznutzenfelder.
  - „Entspricht dies Ihren Erwartungen?"
- Bei „Ja" des Kunden:
  - „Schön! Dann kann ich so alles fertig machen und … Ihnen zusenden (per Post/ Fax/ E-Mail)?" – Das Telefonat wird bei einem weiteren Kunden-Ja beendet.
- Bei „Nein":
  - „Weshalb nicht?"
  - „Worauf legen Sie besonderen Wert?"
  - „Welche besonderen Anforderungen haben Sie?"
  - „Nun, schade, dass wir heute nicht zusammenkommen – ein paar Fragen habe ich noch – darf ich?" Jetzt holen Sie weitere Informationen ein – zum Beispiel. „Aus welchen Gründen benötigen Sie diese Sonderanfertigung?"
  - Der Kunde beginnt zu erzählen – der Telefonverkäufer hat neue Anhaltspunkte, um das Gespräch in Gang zu halten.
  - Der Kunde sagt, er dürfe darüber nicht sprechen. Dann: „Dafür habe ich Verständnis. In diesem Fall biete ich Ihnen gerne ein Geheimhaltungsabkommen an. Einverstanden?! … Dabei wollte ich gern für Sie klären, ob nicht die vorgeschlagene Lösung für Sie doch in Frage kommt. Sie erzielen dabei eben einen deutlichen Preisvorteil."
  - „Vielen Dank für das Gespräch. Bis … haben Sie einen überarbeiteten Vorschlag."

Neben dem „Ja" und „Nein" gibt es natürlich weitere mögliche Kundenantworten. Die Übersicht zeigt Ihre möglichen Reaktionen.

Die Angebotsverfolgung	
Ihr Kunde	Sie
	Guten Tag, Frau Kundin. Hier ist die Firma…, mein Name ist… (*Nachname – Vorname und Nachname*) Frau Kundin, haben Sie unser Angebot für Ihre… erhalten? Welche Fragen können wir Ihnen heute noch beantworten?
keine	Dann darf ich Ihre Bestellung entgegennehmen, damit Sie Ihre… auch schnellstmöglich erhalten, Frau Kundin?
keine Zeit	Wann kann ich Sie heute wieder erreichen? *(Nach Angabe auf Wiedervorlage setzen und auf pünktliche Einhaltung achten)* Oder können wir direkt die Bestellung entgegennehmen, dann brauchen Sie sich darum schon keine Gedanken mehr zu machen, Frau Kundin
Angebot noch nicht gelesen	Sie haben es aber erhalten? Welcher Punkt ist Ihnen am wichtigsten? Ich habe es vorliegen und kann Ihnen direkt alle Informationen noch einmal geben. *(Oder)* Kann ich Ihren Auftrag direkt entgegennehmen, Frau Kundin?
werde mich melden	Zu welchem Zweck haben Sie unser Angebot angefordert?
muss noch einiges klären	Was bitte müssen Sie noch klären, kann ich dabei behilflich sein? Welche weiteren Informationen benötigen Sie noch?

Die Angebotsverfolgung	
Ihr Kunde	Sie
keine klare Antwort	Frau Kundin, ich spüre, dass Ihnen etwas nicht behagt. Wir wollen offen miteinander reden. Welcher Punkt unseres Angebotes bereitet Ihnen Kopfzerbrechen?
Weiterhin keine Antwort	In Ordnung, Frau Kundin. Wann werden Sie die Fragen geklärt haben? Ich werde mich dann wieder bei Ihnen melden
zu teuer	Weshalb zu teuer, Frau Kundin? Wir sind im Sinne unserer Kunden an einer optimalen Preisgestaltung interessiert. Um Ihnen ein mögliches Preisspektrum aufzeigen zu können, benötigen wir aber noch einige weitere Informationen. Sagen Sie mir bitte, ...
kein Bedarf	Dann darf ich Ihre Anfrage als einen Test unseres Hauses betrachten? Wann werden Sie Ihre nächste Bestellung auslösen?
Abschluss	Ich danke Ihnen für das uns entgegengebrachte Vertrauen, Frau Kundin. Sie werden Ihre Artikel so schnell wie möglich erhalten. Ich wünsche Ihnen noch einen erfolgreichen Tag

Das erfolgreiche Preisgespräch

Beim Preisgespräch und dem Umgang mit dem „zu teuer“ gibt es keinen Königsweg, und einige Tipps haben wir Ihnen dazu ja schon gegeben. Darum möchten wir hier vor allem betonen, dass es zuweilen günstig ist, unkonventionelle Wege zu gehen, die der Gesprächspartner nicht erwartet.

Das Gespräch bewusst unterbrechen

Diese Taktik wurde während eines Trainings geboren, bei dem die Teilnehmer live Kundengespräche führten. In einem Telefonat hatte sich die Preisverhandlung so richtig festgefahren. Verkäuferin und Kunde gingen mit einem eher grimmigen „Auf Wiederhören“ auseinander.

Wir besprachen das Ergebnis des Telefonats und diskutierten in der Nachbetrachtung einige Aspekte, die nicht in die Verhand-lung eingeflossen waren. Die Frage an die Telefonverkäuferin, wann sie die neuen Erkenntnisse denn nun anwenden wolle, beantwortete sie so: „Beim nächsten Mal eben.“ Unsere Antwort: „Das nächste Mal ist jetzt!“ Nach einem kurzen Zögern rief sie noch einmal bei dem Kunden an: „Guten Tag, hier noch einmal Frau …. Unser Gespräch von eben ist meiner Meinung nach nicht so toll gelaufen. Können wir das Thema bitte wieder aufnehmen, ja? …“

Der Gesprächspartner war nun im positiven Sinne verdutzt. Er schätzte die Ehrlichkeit der Telefonverkäuferin, bestätigte ihre Ansicht und war gern bereit, den Gesprächsfaden neu zu knüpfen. Ein Grund für die Verbesserung der Beziehung lag mithin darin, dass die Verkäuferin auf sympathische Weise eingeräumt hatte, dass das erste Telefonat aus ihrer Sicht nicht optimal gelaufen war. So appellierte sie an den „Helfergeist“ des Gesprächspartners.

- **Praxis-Tipp: Nutzen Sie die Taktik der bewussten Gesprächsunterbrechung** Sie signalisieren durch den zweiten Anruf dem Kunden Ihr nicht nachlassendes Interesse und geben ihm zugleich Zeit, sich neu zu orientieren.

Erst die Zusage, dann der Nachlass

Wenn es in der Preisverhandlung darum geht, einen Nachlass einzuräumen, dürfen Sie dies erst tun, *nachdem* Sie eine grundsätzliche Zusage erreicht haben: „Angenommen, ich könnte auf Ihren Preisvorschlag einsteigen, tüten wir dann den Auftrag ein?“ Mit der Methode führen Sie den Gesprächspartner zu einer weiteren Festlegung – oder es gelingt Ihnen, einen weiteren Verhandlungsaspekt in Erfahrung zu bringen, der es Ihnen erlaubt, die Preisverhandlung in Ihrem Sinne fortzusetzen.

Treffen Sie sich in der goldenen Mitte

Die Frage allerdings ist, wo innerhalb der Mitte man sich trifft.

Wie Verkäufervorstellung und Kundenvorstellung in der Preisverhandlung zusammenkommen

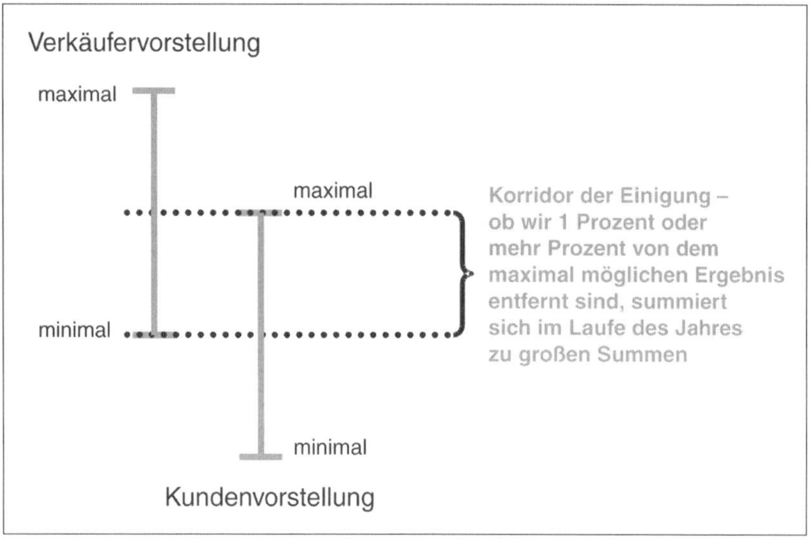

Gehen Sie darum in der Preisverhandlung auch taktisch vor. Denn wo man sich schließlich trifft, ist auch abhängig davon, wer den ersten Zug macht. Das Beispiel verdeutlicht dies:

Angebot: 10 000 €	Strategie 1	Strategie 2
Kunde	Zu teuer, da müssen Sie noch was machen	
Sie	Na ja, 9 000 €, und wir sind zusammen?	Sie haben mein Angebot, das steht – was stellen Sie sich denn vor?
Kunde	Nein, immer noch zu teuer!	
Sie	Wie kommen wir zusammen?	
Kunde	5 000 €!	5 000 €!
Sie	Treffen wir uns in der Mitte?	„Treffen wir uns in der Mitte?“
Kunde	Okay	Okay
Ergebnis für Sie	7 000 €	7 500 €

Je nach Strategie ergibt sich ein anderes Ergebnis. 500 € mehr oder weniger für Sie – das ist das Ergebnis.

„Boxkampf" im Nur-Preisgespräch

Mancher Kunde ist der „Geiz ist geil"-Stimmung vollends erlegen – ihm geht es nur um den Kampf um den Preis, und das um jeden Preis. Wenn Sie es mit solch einem Gesprächspartner zu tun haben, helfen folgende Hinweise weiter:

- Akzeptieren Sie es, dass der Kunde ab einem bestimmten Punkt nur noch „schachern" will.
- Naturalrabatte sind Geldrabatten in jedem Fall vorzuziehen – der Kunde vergleicht mit dem von ihm zu zahlenden Betrag!
- Klären Sie folgende Frage: Geht es nur noch um den Preis oder auch noch um weitere Konditionen wie etwa Valuta?
- Hüten Sie sich vor der Salami-Taktik – geben Sie also nicht in mehreren kleinen Schritten nach.
- Wenn Sie nach dem Konkurrenzpreis fragen, verknüpfen Sie dies mit dem Angebot, dass Sie dem Kunden helfen wollen, Äpfel mit Äpfeln zu vergleichen.
- Oftmals bluffen Kunden, insbesondere dann, wenn Sie den Preis nennen.
- Faxt Ihnen der Kunde das Konkurrenzangebot, dann ist er Ihnen gewogen, und Sie sind relativ nahe dran am Auftrag – vielleicht näher, als Sie denken.
- Geben Sie dem Kunden Kaufreize!
- Verargumentieren Sie auf jeden Fall Ihr Angebot. Liefern Sie Beweise, weshalb es zu dem Preis gerechtfertigt ist und weshalb gerade Ihr Angebot die Vorstellungen des Kunden erfüllt.

▶ **Praxis-Tipp: Kontern Sie den „Zu teuer"-Einwand** Zwei Topformulierungen sind:

- „Lassen Sie mich ganz offen sein. Es ist eine Gratwanderung für mich. Gebe ich Ihnen 50 Prozent, dann verliere ich meinen Job. Gebe ich Ihnen keinen Nachlass, verliere ich den Auftrag. Helfen Sie mir, den Knoten zu lösen …"
- „Geben Sie mir 50 % – ha ha, das ist ja schön. Ich wollte Ihnen 70 % geben, nun spare ich schon einmal 20 Prozent, das ist toll. … So, und jetzt im Ernst."

Führen Sie kundenorientierte Reklamationsgespräche am Telefon durch

Wenn sich ein Kunde beschwert, ist die Aufregung groß. Diese Situation stellt aber zugleich eine große Chance für Sie als Telefonverkäufer und Berater dar, der Kundenbeziehung neue Impulse zu geben. Übrigens: Zufriedene Kunden sprechen mit etwa drei bis vier Personen über ihre Zufriedenheit, sind sie jedoch unzufrieden und haben Anlass zur Beschwerde, kommunizieren sie dies an ca. 12 Personen! Die Bedeutung angemessener Reklamationsbehandlung verdeutlicht zudem folgende Zahl: 15 Ihrer Kunden teilen anderen Menschen mit, wenn sie nach einer Reklamation begeistert sind von der Art und Weise, in der auf ihre Beschwerde reagiert wurde. Und Studien belegen, dass ein Kunde weniger wegen des konkreten Beschwerdeanlasses zur Konkurrenz überläuft. Vielmehr geschieht dies zumeist aufgrund einer unzureichenden Reaktion auf die Beschwerde, bei der die meisten Verkäufer nicht die emotionale Verfassung des Kunden berücksichtigen.

Begreifen Sie die Reklamation als Chance

Der Kunde ruft Sie an und beschwert sich lauthals, dass die Lieferung schon wieder zu spät eingetroffen sei. Er vergreift sich im Ton, fängt an, Sie zu beschimpfen. Schließlich droht er, den Lieferanten zu wechseln. Selbst wenn Sie schon lange Jahre im Beruf sind – in dieser Situation fällt es selbst erfahrenen Telefonverkäufern schwer, ruhig und sachlich zu bleiben, vor allem dann, wenn die Angst hinzu kommt, einen ertragstarken Kunden zu verlieren.

Eine Reklamation an sich ist jedoch kein Grund, um die Kundenbeziehung zu bangen. Im Gegenteil – der Kunde gibt Ihnen ja noch eine Chance, er wechselt nicht schweigend den Anbieter, sondern nimmt Kontakt mit Ihnen auf. Viele Verkäufer fühlen sich in dieser Situation persönlich angegriffen oder sogar als Person abgelehnt, wenn ein Kunde reklamiert. Sie geraten dadurch in einen negativen Gefühlszustand. Der Verkäufer sieht sich in der Defensive und hat das Gefühl, sich verteidigen zu müssen. Er fühlt sich schlecht und bringt dieses negative Verhalten unbewusst zum Ausdruck. So kann es schnell zu einem hitzigen Wortgefecht oder gar Streit mit dem reklamierenden Kunden kommen.

▶ **Praxis-Tipp: Nehmen Sie die Reklamation nicht persönlich**

- Ihr Kunde hat im Normalfall einen berechtigten Grund, sich zu beschweren, und darf keinesfalls als lästiger Nörgler behandelt werden, mit dem man sich auf ein verbales Scharmützel oder gar einen Streit einlässt.
- Der Kunde verlagert seinen Ärger über den sachlichen Reklamationsanlass auf den Menschen, bei dem er sich beschwert – also auf Sie.

- Sie dürfen die Beschwerde daher nicht persönlich nehmen und sich angegriffen fühlen, denn das führt wiederum zu einer gefühlsmäßigen Reaktionsweise auf Seiten des Kunden.

Die Mühsal der Beschwerde – aus Kundensicht

Schauen wir doch einmal, welche Mühe derjenige Kunde auf sich nimmt, der sich zu einer Reklamation entschlossen hat: Er hat etwas gekauft und freut sich schon, die Neuerwerbung auszuprobieren. Es folgt die Enttäuschung, der Ärger – über ein fehlerhaftes Produkt, eine unbefriedigende Dienstleistung. Handelt es sich um einen Unternehmenskunden, wiegt der Ärger doppelt schwer. Denn nun kann es durchaus sein, dass er sich in seinem Unternehmen rechtfertigen muss.

Dann scheut er keine Mühe, festzustellen, an wen er sich mit seiner Beschwerde wenden muss. Das ist nicht immer ganz einfach, weil nicht jedes Unternehmen über eine kostenlose Beschwerde-Hotline oder Service-Telefonnummer verfügt. Er sucht die entsprechenden Unterlagen heraus, greift zum Telefonhörer, schreibt eine Mail, erreicht vielleicht nicht direkt den richtigen Ansprechpartner – und gerät dann an Sie, der sich angesichts der Beschwerde in den Schmollwinkel zurückzieht. Unsere Frage: Wie würden SIE an Stelle des Kunden reagieren? Eines Kunden, der enormen emotionalen Energieverlust erlitten hat und durch ein Wechselbad der Gefühle gegangen ist?

Ein Blick in ein Herkunftswörterbuch zeigt: Das Wort „Beschwerde“ leitet sich ab von „swarida“ und bedeutet „drückende Last“. Es ist dieser emotionale Hochdruck, unter dem der Kunde steht und von dem er sich befreien will. Sinn der Beschwerde aus seiner Sicht ist vor allem eine emotionale Befreiung oder Entlastung. Ihr Kunde will seinen Ärger, seine Enttäuschung, seine Wut loswerden. Und deshalb steht er zumeist im psychologischen Nebel, wenn er Sie mit seiner Reklamation konfrontiert.

▶ **Praxis-Tipp: Analysieren Sie das Verhalten des Kunden** Menschen geraten immer dann in Rage, wenn Sie Angst haben oder sich einer Sache nicht gewachsen fühlen. Überlegen Sie darum, ob folgende Punkte zutreffen:

- Ihr reklamierender und aufgebrachter Kunde ist einfach zutiefst enttäuscht von Ihrem Unternehmen.
- Er fühlt sich schlecht behandelt.
- Er fühlt sich als „kleiner Wicht" gegenüber Ihrem Unternehmen, er fühlt sich ausgeliefert.
- Es kostet ihn Überwindung, sein Anliegen vorzubringen.
- Er hat Angst, abgewiesen zu werden.
- Es ist ihm unangenehm, Hilfe zu brauchen.
- Ihm wäre es lieber, wenn er sich nicht beschweren müsste.
- Er schämt sich hinterher für seinen Ausbruch.
- Die Aufregung und Angst, abgewiesen zu werden, führen dazu, dass die Worte des Kunden heftiger ausfallen, als er beabsichtigt. Dies sollten Sie ihm nachsehen und nicht persönlich nehmen.

Bewähren Sie sich als Beziehungsmanager

Bei der Reklamationsbehandlung sollten Sie sachlich vorgehen und gemeinsam mit dem Kunden eine Lösung finden. Noch wichtiger aber ist, dass Sie auf der Beziehungsebene die Gefühle des Kunden beachten, ihm aufmerksam zuhören und ihn auf dem Weg zur gemeinsamen Problemlösung als Partner begreifen. Versuchen Sie die Situation des Kunden zu verstehen, bleiben Sie offen und zeigen Sie Interesse an seinen Aussagen – ganz gleich, in welcher Form er sie Ihnen präsentiert.

Die Sympathie des aufgebrachten Gesprächspartners gewinnen Sie zurück, wenn Sie ihm positive Zuhörsignale senden – etwa mit Bestätigungen wie „ja, das verstehe ich" oder „das ist wirklich ärgerlich".

▶ **Praxis-Tipp: Erweisen Sie sich als Psychologe**

- Bewerten Sie den Beschwerdevorfall nicht vorschnell. Behalten Sie Vermutungen zunächst für sich und nehmen Sie keine Schuldzuweisungen vor.
- Negativ wirkt es, wenn Sie versuchen, die Schuld auf andere abzuladen. Es interessiert den Kunden nicht, wer im Unternehmen schuld ist, und bei dieser Vorgehensweise gewinnt er nur den Eindruck, dass die interne Zusammenarbeit bei Ihnen im Unternehmen nicht funktioniert.
- Hüten Sie sich vor dem Drang, das Geschehene rechtfertigen zu wollen. Stehen Sie für den Fehler ein und zeigen Sie dem Kunden, dass er auf jeden Fall mit Ihnen „bei der richtigen Adresse" gelandet ist.

Sobald sich Ihr Gesprächspartner beruhigt hat, tritt die Gesprächsphase ein, in der er gesprächsbereit ist. Jetzt will er wissen, wie sein Problem gelöst werden kann und was Sie unternehmen, um die Angelegenheit aus der Welt zu schaffen. Er möchte das gerechtfertigte Gefühl bekommen, dass Sie sich seiner Sache mit Leidenschaft annehmen.

Beachten Sie die drei Beschwerdeebenen

Unterscheiden Sie bitte die Sachebene, die emotionale Ebene und die (zwischen-)menschliche Ebene. Der Kunde befindet sich während des Beschwerdegesprächs allerdings überwiegend auf der emotionalen Ebene, er durchläuft bei einer professionellen Reklamationsbehandlung folgende Gefühle:

- Ärger und Enttäuschung,
- Befreiungsgefühl,
- Schuldgefühl und
- Wiedergutmachungsgefühl.

Auf diese Gefühle müssen Sie als Partner des Kunden richtig reagieren, indem Sie:

- glaubhaft und ehrlich bleiben,
- den Kunden und sein Anliegen wichtig nehmen,
- Ihre eigenen Emotionen heraushalten,
- Schuld nicht intern verteilen,
- dem Kunden auf keinen Fall zu beweisen versuchen, dass das Unternehmen im Recht ist – dies lässt sich besser über Fragen steuern –, und
- sich umgehend um die Angelegenheit kümmern und dem Kunden eine Lösung anbieten.

Betreiben Sie aktives Reklamationsmanagement

Wenn Sie die genannten Punkte beachten, lässt sich ein Reklamationsmanagement entwickeln, das – so zeigt das Beispiel – in sieben Schritten abläuft:

- *Schritt 1: Die Reklamation annehmen, zuhören und schweigen.* Der Kunde bringt seine Beschwerde vor: „Immer liefert ihr zu spät!". Sie schweigen zunächst, unterbrechen den Kunden nicht und hören zu. Bereits jetzt versuchen Sie, den sachlichen Beschwerdeanlass herauszuhören. Warten Sie ab, bis der unzufriedene Kunde „Dampf abgelassen" hat.
- *Schritt 2: Zeigen Sie Verständnis und Mitgefühl.* Öffnen Sie sich dem Kunden gegenüber durch eine Körperhaltung (gerade am Telefon), die ihm Interesse an seinen Äußerungen zeigen würde. Senden Sie so das Signal aus: „Ich kümmere mich gerne um Ihr Anliegen". Nehmen Sie dem Gespräch die Schärfe: „Ich kann gut verstehen, dass Sie über die Verzögerung verärgert sind, die mir sehr Leid tut." Eine kundenorientierte Formulierung in dieser Phase hilft, den psychologischen Nebel, in dem der Kunde steht, zu vertreiben. Spätestens in dieser Phase kommt es auf Seiten des Kunden zu einem „Entlastungs- oder Befreiungsgefühl" – er ist nun offen für eine primär sachliche Reklamationsbearbeitung.
- *Schritt 3: Problembewusstsein zeigen.* Nun ist es wichtig, dem eigentlichen Reklamationsanlass auf die Spur zu kommen – durch geschickte Fragetechnik und aktives Zuhören. Setzen Sie sich die Wahrnehmungsbrille des Kunden auf, versuchen Sie, das Problem aus seiner Perspektive zu betrachten, zu verstehen und zu konkretisieren: „Für wann hatten Sie die Lieferung bestellt?" oder „Sie haben diese Ware ja schon öfter bestellt. Wann wurde denn normalerweise geliefert?".
- *Schritt 4: Lösung im kontrollierten Dialog herbeiführen.* Jetzt fassen Sie die Fakten zusammen, geben das Problem in eigenen Worten wieder und kontrollieren so, ob die Beschwerde richtig von Ihnen verstanden wurde: „Wenn ich Sie richtig verstehe, geht es um die Lieferung der Ware, die Sie letzte Woche telefonisch bei Herrn Müller bestellt haben." Öffnen Sie den „Lösungskoffer", bringen

Sie eigene Lösungsangebote ins Spiel oder fragen Sie den Kunden, welche Lösung ihm vor Augen schwebt: „Was können wir für Sie tun, um Sie als zufriedenen Kunden zu überzeugen?“

- *Schritt 5: Konkrete Vereinbarung treffen.* Sie verbleiben konkret: „Ich danke Ihnen für Ihre Geduld. Ich frage gleich nach, was es mit Ihrer Bestellung auf sich hat. Wollen Sie so lange warten oder darf ich Sie telefonisch benachrichtigen? … Ab wann sind Sie denn erreichbar?“ Holen Sie vom Kunden das Einverständnis zu der vereinbarten Lösung ein: „Sind Sie mit diesem Lösungsangebot einverstanden?“
- *Schritt 6: Für Reklamation bedanken.* Nachdem Sie sich mit dem Kunden auf eine Vorgehensweise geeinigt haben, bedanken Sie sich am besten. Denn letztendlich hat er Ihnen durch die Beschwerde die Möglichkeit eröffnet, einen unzufriedenen Kunden noch enger an das Unternehmen zu binden und vielleicht sogar eine Störquelle in den Arbeits- und Organisationsabläufen Ihres Unternehmens aufzuspüren: „Vielen Dank, dass Sie uns mit Ihrer Beschwerde auf diesen Umstand hingewiesen haben. Sie helfen uns weiter – und unseren anderen Kunden!“
- *Schritt 7: Vereinbarungen einhalten.* Das beste Reklamationsmanagement ist sinnlos, wenn die getroffenen Vereinbarungen nicht umgesetzt werden. Ihrem Versprechen: „Ich rufe Sie dann in einer Stunde an“ müssen Sie Taten folgen lassen. Klären Sie in Ihrem Hause ab, wie es zu dem Beschwerdevorfall kam und erarbeiten Sie eine Lösungs- oder Wiedergutmachungsstrategie für den Kunden.

Und wenn es Ihnen gelungen ist, bei dem Kunden eine Reaktion hervorzurufen wie: „So freundlich und zuvorkommend wie hier bei Ihnen am Telefon bin ich noch nie bei einer Reklamation behandelt worden!“, dann sollten Sie noch einen Schritt weitergehen und die psychische Disposition des zufriedenen Kunden zum Anlass nehmen, um offensiv um eine Weiterempfehlung zu bitten.

▶ **Praxis-Tipp: Nutzen Sie folgende Formulierungen, um Kundenreklamationen zu bearbeiten**

- *Bei Beschwerdegrund „falsche Verpackung"*: „Sie haben recht, Frau Kundin, das ist ärgerlich. Aufgrund unserer individuellen Fertigung haben wir uns entschlossen, Blanko-Verpackungen zu benutzen und diese jeweils individuell für Sie zu beschriften. Dabei kann sich schon mal der Fehlerteufel einschleichen. Möchten Sie eine neue Verpackung?"
- *Bei Beschwerdegrund „Fertigungsmängel"*: „Ich verstehe sehr gut, dass Sie darüber nicht erfreut sind. Darf ich bitte genau erfahren, was Sie bemängeln?" Oder: „Ich werde jetzt die von Ihnen genannten Fakten mit unseren Produktspezialisten im Hause besprechen und Sie dann umgehend informieren, welche optimalere Lösung wir für Sie haben."
- *Bei Beschwerdegrund „Kundenfehlbestellung"*: „Wie ich in unseren Unterlagen sehe, Herr Kunde, liegt die Ursache Ihres Anrufes nicht in unserem Hause. In Ihrer Bestellung steht … Aber das ist kein Problem für uns. Sagen Sie mir einfach, welchen Artikel Sie ursprünglich bestellen wollten, und ich veranlasse dann sofort die umgehende Lieferung. So etwas regeln wir sehr schnell und unkompliziert."
- *Bei Beschwerdegrund „Produktverwechslung"*: „Sie haben natürlich recht, Herr Kunde, das ist nicht der Artikel, den Sie bestellt haben. Durch unsere große Produktvielfalt kann es in Ausnahmefällen zu einer solchen Verwechs-

lung kommen. Wir werden Ihnen einfach umgehend den richtigen Artikel zuschicken und Sie senden uns im Gegenzug den falschen zurück."

- *Bei Beschwerdegrund „Preis"*: „Ich habe Ihnen genau zugehört, Frau Kundin. Wir haben Ihnen statt wie vereinbart 7 235,90 € nun 7 635,90 € berechnet. Wir werden das umgehend korrigieren. Möchten Sie eine Gutschrift oder sollen wir den Betrag bei Ihrer nächsten Bestellung verrechnen?"

So gewinnen Sie unzufriedene Kunden zurück

Vielleicht geht es Ihnen wie den meisten Telefonverkäufern: Allein bei dem Gedanken, verlorene Kunden zurückgewinnen zu müssen, läuft es ihnen eiskalt den Rücken herunter. „Diese Kunden müssen doch gute Gründe haben, wenn sie nicht mehr bei unserer Firma kaufen. Und nun soll ich mich in die Höhle des Löwen wagen? Das ist doch ein aussichtsloser Kampf gegen Windmühlen!"

Bitte erinnern Sie sich an das Phänomen der sich selbst erfüllenden Prophezeiung. Immer bekommt man von den Gesprächspartnern das zurückgespiegelt, was man denkt und fühlt. Sehen Sie diese Aufgabe als besonders aufregend und herausfordernd an, die nur die Beste oder der Beste der Besten bewältigen kann – nämlich Sie! Und noch etwas: Sie können nur gewinnen – verloren ist der Kunde ja bereits.

Doch wie vorgehen? „Guten Tag, ich rufe Sie an, um Sie als Kunden wieder für uns zu gewinnen." Das kann durchaus ein geeigneter Einstiegssatz sein. Es wird wohl eine Ursache geben, weshalb sich der Kunde von Ihrer Firma verabschiedet hat. Diesen Umstand zu leugnen, wäre sträflich. Gehen Sie auf das vermeintliche Problem ein

– dann wird es kleiner: „Was haben wir falsch gemacht, dass Sie nicht mehr bei uns kaufen?"

Sie sollten dabei keine Scheu vor der Selbstbeschuldigung „Was haben wir falsch gemacht?" haben. Durch diese Formulierung entlasten Sie die andere Seite und öffnen den Raum für die Darstellung der Probleme, welche in der Beziehung zwischen Ihrer Firma und dem Kunden entstanden sind.

Die Bandbreite der Kundenantworten reicht von „Nichts" bis zu „Dass Sie sich überhaupt noch trauen, bei mir anzurufen". Bei der ersten Antwort empfehlen wir die Reaktion: „Das freut mich, dann steht einer zukünftigen Zusammenarbeit ja nichts entgegen. ... Wie geht es denn weiter? Kennen Sie bereits ...?" Sie können also unmittelbar in das Verkaufsgespräch einsteigen. Bei der zweiten Antwort steuert das Telefonat in die Richtung eines Reklamationsgesprächs – es gilt das, was wir dort gesagt haben, eventuell unter erschwerten Bedingungen.

▶ **Praxis-Tipp: Keine Angst vor „verlorenen" Kunden** Wir haben die Erfahrung gemacht, dass ein Gespräch mit einem Kunden, der sich von dem Unternehmen verabschiedet hat, oft unproblematischer verläuft als die Unterredung mit einem sich beschwerenden Gesprächspartner. Denn der Ärger des „Altkunden" ist zwar selten ganz vergessen, hat sich aber durch den zeitlichen Abstand zuweilen relativiert. Der Kunde kann das Gespräch emotionsloser und gelassener führen.

Das Mahngespräch: Wenn der Kunde nicht zahlt

Mahngespräche sind eine unangenehme, aber wichtige Angelegenheit. Vor allen Dingen, wenn langjährige und bisher gute Kunden plötzlich nicht mehr zahlen. Darum geben wir Ihnen nun einige Hinweise für das Telefongespräch mit säumigen Zahlern:

- *Nennen Sie, nachdem Sie sich vorgestellt haben, gleich den Anlass Ihres Anrufes.* Gerade heraus, ehrlich und bestimmt: „Herr Kunde, ich rufe wegen der Rechnung in Höhe von 7 000 € an, die bereits 60 Tage überfällig ist."
- *Klären Sie dann, warum der Kunde noch nicht bezahlt hat, und bauen Sie darauf Ihren Zahlungsvorschlag auf.* Achtung: Manchmal wird die Zahlungsverweigerung als bewusste Retourkutsche für ungenügenden Service oder mangelnde Produktqualität verwendet. Vergewissern Sie sich daher vor dem Telefongespräch, ob auf Unternehmensseite alles korrekt abgewickelt wurde.
- *Schlagen Sie nun Ihren Zahlungsplan vor.* Beginnen Sie so: „Ich glaube, ich weiß einen Weg, wie Sie Ihren Kontostand ausgleichen können."
- *Erläutern Sie Ihren Vorschlag.* Der Plan sollte detailliert beschreiben, wann und wie der Kunde zahlen soll. Bleiben Sie aber flexibel. Macht der Kunde einen anderen Vorschlag, dann lehnen Sie ihn nicht gleich ab, nur weil er nicht von Ihnen stammt.
- *Bereiten Sie sich auf mögliche Einwände gegen Ihren Zahlungsplan vor.* Bringen Sie den Kunden dazu, seine Bedenken zu äußern. Ist die Zahlungsrate zu hoch? Die Zahlungsfrist zu kurz? Erst wenn Sie genau wissen, wo den Kunden der Schuh drückt, können Sie den nächsten Schritt gehen. Versuchen Sie zunächst, eine Einigung zu den anderen von Ihnen vorgeschlagenen Punkte zu erzielen. Erklären Sie dem Kunden auch die Vorteile, die er hat, wenn er auf Ihren Vorschlag eingeht. Zum Beispiel, dass die Nachlie-

ferung dann pünktlich eingehen wird oder er Verzugsgebühren spart.
- *Bleiben Sie bis zum Schluss respektvoll und höflich.* Wiederholen Sie die besprochenen Vereinbarungen, bedanken Sie sich beim Kunden und teilen Sie ihm die Vereinbarungen dann auch schriftlich mit.

▶ **Nehmen Sie sich Zeit zur Selbstbefragung** Welche der Tipps können Sie verwenden? Ist die Online-Beratung interessant für Sie? Inwiefern werden Sie Ihre Vorgehensweise ändern
- bei der Akquisition von Neukundenakquisition?
- bei der telefonischen Terminvereinbarung?
- bei Nachfassaktionen nach dem Versand Ihrer Angebote?
- bei der Preisverhandlung?
- im Reklamationsgespräch?
- im Mahngespräch?
- in Telefonaten, in denen es darum geht, Kunden zurückzugewinnen?

Online-Beratung für Telefonverkauf nutzen

Bei allen genannten Gesprächssituationen und beim Telefonverkauf insgesamt lohnt es sich, die Online-Beratung einzusetzen. Online-Beratung heißt, dass Sie mit Hilfe eines Konferenztools und einer Präsentationssoftware von Bildschirm zu Bildschirm, von PC zu PC beraten. Ihr Kunde loggt sich dazu auf Ihrer Homepage ein und kann zeitgleich mit Ihnen auf seinem Bildschirm dieselben Inhalte betrachten und verfolgen wie Sie. Zugleich telefonieren der Kunde und Sie miteinander.

Wie das Ganze funktioniert und welche spezifischen Beratungskompetenzen für die Online-Beratung notwendig sind, beschreibt Jan Helmut Hönle in seinem ebenfalls bei Springer Gabler erschienenen Buch „Online beraten und verkaufen". Jan Helmut Hönle bietet zudem Ausbildungen und Coachings zum Online-Berater an.

Was bedeutet die Online-Beratung nun für Ihren Telefonverkauf? Vor allem ist es jetzt möglich, den Kunden auf mehreren Sinneskanälen anzusprechen und ihn besonders bei komplexen Sachverhalten eingängiger und besser zu informieren.

Stellen Sie sich nur einmal vor, der Kunde wünscht von Ihnen die Darstellung eines Finanzierungskonzepts. Sie müssten ihm nun Punkt für Punkt, Zahl für Zahl, Faktum für Faktum erläutern, wie Sie sich das Finanzierungskonzepts vorstellen. Da Ihnen nur das gesprochene Wort zur Verfügung steht, stoßen Sie wahrscheinlich rasch an die Grenzen einer eingängigen und für den Kunden nachvollziehbaren Darstellung.

Als Online-Berater aber haben Sie überdies die Möglichkeit, eine Präsentationsfolie hochzuladen, die das von Ihnen in weiser Voraussicht erarbeitete Finanzierungskonzept umfasst. Sie wissen ja: Sowohl Sie als auch der Kunde können auf Ihren jeweiligen Bildschirmen diese Folie sehen und das Finanzierungskonzept Punkt für Punkt durchgehen. Sie sprechen also den auditiven und den visuellen Sinneskanal an.

Was aber, wenn es nicht möglich ist, jene Folie vorzubereiten? Etwa weil der Kunde Ihnen erst jetzt, am Telefon, die Zahlen, Daten und Fakten nennt, die für das Konzept von Relevanz sind?

Dazu gibt es den sogenannten virtuellen Notizblock. Eine spezielle Software – die nur Sie als Telefonverkäufer auf Ihrem PC installiert haben müssen, nicht aber der Kunde! – erlaubt es Ihnen, auf einem Notizblatt mit einem Eingabestift handschriftliche Notizen zu verfassen. Konkret: Sie sitzen zu Hause oder in Ihrem Büro vor dem

PC und entwerfen unter Rücksprache mit dem Kunden, mit dem Sie ja zeitgleich telefonieren, Schritt für Schritt jenes Finanzierungskonzept.

Wenn der Kunde wünscht, andere Zahlen zu verwenden – nach dem Motto: „Ich favorisiere doch lieber eine vierjährige Laufzeit, keine dreijährige" –, nutzen Sie einfach die Radierfunktion, um das Angebot zu aktualisieren.

Mit anderen Worten: Sie entwickeln das Finanzierungskonzept genau so, als ob der Kunde mit Ihnen im Büro und neben Ihnen am Tisch sitzt. Im Büro nutzen Sie das Flipchart, die Pinnwand oder das Blatt Papier – bei der Online-Beratung den PC-Bildschirm.

Allein diese zwei Aspekte der Online-Beratung – Präsentationsfolien und virtueller Notizblock – zeigen, welche Möglichkeiten Ihnen nun offen stehen:

- Sie können so gut wie jede Ihrer Informationen und Inhalte auf einer Folie vorbereiten und gemeinsam mit dem Kunden ansehen und durchgehen, sogar das Angebot.
- Sie können auf dem virtuellen Notizblock Informationen präsentieren, die auf den individuellen Kunden zugeschnitten sind.

Überdies ist es möglich, mit dem Kunden zusammen Videos anzuschauen und Webseiten im Internet zu besuchen, auf denen sich zum Beispiel für Ihr Gesprächsthema wichtige Informationen finden.

► **Praxis-Tipp: Verbessern Sie online Ihre Gesprächsdramaturgie**

- Zunächst führen Sie wie gehabt das Telefongespräch.
- Dann fragen Sie den Kunden, ob er gerade online ist oder online gehen kann.

- Dann überraschen Sie ihn mit der Info: „Loggen Sie sich auf meiner Homepage ein, und wir sehen uns einen Videofilm an, der einen Anwender zeigt, der die Maschine, über die wir diskutieren, gekauft hat und nutzt. Dort sehen Sie also das Gerät im Einsatz!"
- Schließlich liegt der Schwerpunkt wieder auf dem Telefonat – bis.

… Sie dann den Notizblock nutzen, um etwa das Finanzierungskonzept zu entwickeln, oder eine Folie mit einer Checkliste aufrufen, in der Sie die Vorteile jener Maschine aufgelistet haben

Ausblick: Der verkaufsaktive Innendienst und die Neuausrichtung des Vertriebs

Eine der einschneidendsten zukünftigen Entwicklungen wird das Zusammenwachsen von Innen- und Außendienst sein. Diese Entwicklung ist nach unserer Beobachtung in vollem Gang und wird zu einer Neuorganisation des Verhältnisses und der Aufgabenverteilung zwischen Innendienst und Außendienst führen.

Neue Rollen und Aufgaben für Außendienst und Innendienst

Bislang gilt in so gut wie allen Firmen der Außendienst als der große Star: Die Damen und Herren Verkäufer kämpfen an der Kundenfront um Umsatz und Gewinn und reiben sich fürs Unternehmen auf, während die Innendienstler gemütlich im Büro am Schreibtisch sitzen. Das mag übertrieben klingen, aber die Vertriebsstars sind eindeutig „die da draußen".

Die Neustrukturierung der Vertriebsorganisation bewirkt eine Umkehrung der Verhältnisse: Der Außendienst wird zukünftig vom Innendienst gesteuert – der Innendienst übernimmt weitreichendere Zuständigkeiten und übt eine Lenkungsfunktion aus. Die „Arbeitsbiene" Außendienst erhält andere Funktionen und Aufgaben, während sich der Innendienst zum „verkaufsaktiven Innendienst" entwickelt, zum Absatzförderer und zum Impulsgeber und Unterstützer für den Außendienst.

Der Innendienst als kommunikative Schaltzentrale

Die neue Rolle des verkaufsaktiven Innendienstes lässt sich mit dem Stichwort „Kommunikative Schaltzentrale" beschreiben. In der telefonischen Kundenbetreuung wird die Grundlage dafür gelegt, dass sich der Kunde gut betreut fühlt und weiß, dass in der Firma ein Mensch arbeitet, der sich intensiv um ihn bemüht und kümmert. Der Innendienstler betreibt aktive Beziehungspflege und stellt den Kontakt zum Kollegen aus dem Außendienst her. Er bildet mithin die Kontaktbrücke zwischen Außendienst und Kunde. Und sein wichtigstes Arbeitsinstrument dabei ist Telefon.

Des Weiteren wird der Innendienst stärker in den Service eingebunden. Die Bemühungen des Servicemitarbeiters, der nach der Wartung oder Reparatur vor Ort dem Kunden einen Zusatzverkauf offeriert, sind größtenteils erfolglos geblieben. Jetzt ruft der Mitarbeiter aus dem verkaufsaktiven Innendienst den Kunden an, fragt nach, ob ihn die Serviceleistung zufriedengestellt hat – und kommt auf elegante Weise auf den Zusatzverkauf zu sprechen.

Vertriebsstrukturen der neuen Rollenverteilung anpassen

Die neue Entwicklung führt dazu, dass die Fäden verstärkt im Innendienst zusammenlaufen. Dort werden die relevanten Informationen zu einem Kunden gesammelt und vor allem ausgewertet. Der Innendienst kann so entscheiden, ob es sinnvoller ist, einen Kollegen aus dem Außendienst zum Kunden zu schicken, oder ob es effektiver und effizienter ist, erst einmal die Kommunikation über Büro- und Telefonkontakte zu intensivieren.

Eine weitere wichtige Frage ist die nach der Umstellung des Honorierungs- oder Provisionssystems. Denn der Innendienst, der jetzt zum einen stärker strategisch ausgerichtet ist und überdies mehr als bisher ins operative Geschehen eingreift, wird nach einer den neuen Umständen angepassten Erfolgsbeteiligung fragen.

Zudem muss die Weiterbildungspolitik überdacht werden: Die neue Rollen- und Aufgabenverteilung verlangt von *allen* Beteiligten Kompetenzen, die zu einem Großteil erst vermittelt und ausgebaut werden müssen.

▶ **Praxis-Tipp: Neue Aufgaben für den Innendienst**

- Der Innendienstmitarbeiter nimmt nicht nur Anfragen entgegen, er erstellt auch Angebote und führt Nachfasstelefonate.
- Er agiert verstärkt verkaufsaktiv und akquiriert eigenständig Neukunden, entwickelt C-Kunden zu B-Kunden und baut sie möglichst zu A-Kunden auf.
- Auf der Basis der im CRM-System hinterlegten Informationen setzt sich der Innendienstler immer wieder mit den Kunden telefonisch in Verbindung und tauscht sich mit ihm auf der fachlichen und der beziehungsorien-

tierten Ebene aus. Dazu zählen der Geburtstags-Anruf, der Small Talk und die Nachfrage, ob der Sohn des Kunden die Abiturprüfung geschafft hat. So intensiviert der Innendienstler die Kundenbeziehung.

Der verkaufsaktive Innendienst sieht sich in der Pflicht, „Kontaktketten" aufzubauen – mithin permanent neue Impulse zu setzen –, Neukunden zu gewinnen, die Kundenbindung zu erhöhen, Kundenerwartungen zu erfragen, telefonische Verkaufsgespräche zu führen, eine Mehrwertargumentation aufzubauen, die Kundenzufriedenheit zu evaluieren und zudem Empfehlungen zu generieren.

Konflikte zwischen Innendienst und Außendienst ausräumen

In vielen Firmen agiert der Außendienst immer noch nach dem Minimalprinzip und versucht, gesetzte Umsatzziele zunächst einmal mit dem geringstmöglichen Einsatz zu erreichen. Erst wenn diese Ziele verwirklicht sind, wendet sich der Außendienst anderen, aber für die Zukunft des Unternehmens immens wichtigen Aktivitäten zu: Die Akquisitionsbemühungen werden verstärkt, die Kundenbindungsinstrumente forciert eingesetzt, das Key Account Management optimiert. Kurz: Nach dem Erreichen der operativen Ziele fokussiert sich der Vertrieb endlich auf den strategischen Verkauf.

Dabei herrscht zuweilen die Mentalität vor, den Innendienst als bloßen Erfüllungsgehilfen in Anspruch zu nehmen. Die Außendienstler setzen es als Selbstverständlichkeit voraus, dass der Innendienst für sie Termine macht – und sie selbst in aller Welt unterwegs sind.

Darum ist zu erwarten, dass der Außendienst der dargestellten Umstrukturierung Widerstände entgegensetzen wird. Widerstände, die aus seiner Sicht gerechtfertigt sind: „Wenn der Innendienst nun telefonisch Routineaufträge beim Stammkunden abschöpft, brauche ich ihn nicht aufzusuchen. So gehen mir Umsätze verloren, die ich ohne großen Aufwand hätte einfahren können", so könnte ein Außendienstmitarbeiter argumentieren.

Dabei übersieht er, dass es für die Firma effektiver ist, wenn der Auftrag, der sowieso zustandekäme, nicht durch die teure Reise des Verkäufers zum Kunden in Gang gesetzt wird, sondern durch einen schnellen Anruf aus dem Innendienst.

Eine weitere Reduzierung der Reise- und Fahrtkosten ist möglich, wenn der Innendienst Routinekontakte übernimmt. Der Außendienst konzentriert sich auf diejenigen Kunden, die nur gewonnen werden können, wenn sie persönlich aufgesucht und im intensiven Gespräch überzeugt werden.

Was ja – nebenbei bemerkt – die eigentliche Kernaufgabe eines Außendienstes ist.

Erfolgspartnerschaften anbahnen

Konflikte sind mithin vorprogrammiert. Darum muss das Management belegen, dass die neue Aufgabenverteilung erheblich zum Erfolg der Gesamtunternehmung beiträgt. Ein Weg dorthin: die Gründung von Erfolgspartnerschaften zwischen einem Mitarbeiter aus dem Innendienst und einem Kollegen aus dem Außendienst.

Das bedeutet konkret: Die zwei Mitarbeiter bilden ein Tandem, betreuen in intensiver Gemeinschaftsarbeit gemeinsam einen Kundenkreis und entscheiden dabei eigenverantwortlich, ob es erfolgversprechender ist, einen Kunden anzurufen, zu besuchen oder beide Kommunikationskanäle zu nutzen.

Die Vision ist also die gemeinsame Arbeit am und zum Wohl des Kunden. Abteilungsinteressen stehen dahinter zurück – die gemeinsame Arbeit an der Erreichung der Geschäftsziele rückt in den Fokus.

Damit die Vision nicht zur bloßen Utopie degeneriert, ist das Engagement des Managements gefragt, das die gemeinschaftsstiftende Vision und die Neustrukturierung des Vertriebs vorantreiben und das Zusammenwachsen von Innendienst und Außendienst aktiv begleiten muss.

Als Fazit bleibt festzuhalten: Im Vertrieb der Zukunft wird der Kollege aus dem Innendienst als aktiver Unt erstützer der Verkaufsprozesse beim Kunden tätig. Er arbeitet zum einen als Qualitätsmanager für Kundenzufriedenheit und zum anderen als Schnittstellenmanager für eine bessere Kundenbetreuung. Und gerade das erlaubt es dem Außendienstler, sich ganz und gar seiner wahren Profession zu widmen: der Betreuung der Investitionskunden im persönlichen Gespräch.

Das Ende als Tipp

„Das ist das Ende“ (The End) – wie es in einem Song der Doors heißt. Das allerdings, liebe Leserinnen und Leser, empfinden wir als Autoren dieses Buches ganz anders. Hier und jetzt sollte für Sie der Anfang stehen – der Anfang zum Übertragen Ihrer Erkenntnisse in Ihre persönliche Alltagspraxis als Telefonverkäufer. Und natürlich wünschen wir uns, dass unser Buch nun nicht in Ihrem Regal verstaubt, sondern auf Ihrem Schreibtisch liegt, damit Sie immer wieder Ihre Umsetzungserfolge überprüfen können.

Allerdings: Was sind unsere Beobachtungen nach dem Lesen eines Fachbuches? Trotz intensiven und akribischen Lesens übertragen die Leser immer nur einen kleinen Teil des nun als richtig erkannten Verhaltens in die Praxis – obwohl sie guten Willens sind, die Inhalte umzusetzen.

Woran liegt das wohl? Nach dem Lesen des Fachbuches sind Verkäufer motiviert und wollen gleich *alles* in die Praxis umsetzen. Dann erleben sie, dass nichts so klappt, wie sie es sich vorgestellt haben. Frustration stellt sich ein, und sie kommen zu dem Ergebnis, dass das Lesen auch dieses Buches mal wieder nichts gebracht und zu keinen zählbaren Erkenntnissen geführt hat.

L. Stempfle, R. Zartmann, *Aktiv verkaufen am Telefon*,
DOI 10.1007/978-3-658-02990-6,

War also alles nur Theorie? Nein, keineswegs. Allerdings wünschen sich Verkäufer gerne Patentlösungen, die immer und überall funktionieren. Dabei übersehen sie, dass sie ihre eigenen Verhaltensweisen ändern müssen – und das ist ein längerer Prozess. Alles, was Sie in Büchern lernen und im Seminar trainieren, müssen Sie für sich reflektieren und nachvollziehen. Wenn Sie das nicht tun, ziehen weder die hervorragendste Idee noch das beste Seminar irgendeinen Praxiserfolg nach sich.

Es dauert also, bis sich schließlich Erfolge zeigen? Die ersten Erfolge stellen sich meist rasch ein, allerdings pendeln sie sich dann auf einem niedrigeren Niveau ein. Dann geht erst einmal gar nichts – der Verkäufer bewegt sich scheinbar auf der Stelle. Das ist der Punkt, an dem viele verzweifeln. Wer aber kontinuierlich an sich weiter arbeitet, bei dem kommt es zu einem sprunghaften und deutlich sichtbaren „Erfolgsschritt". Aber auch dieser Erfolg pendelt sich unterhalb der bereits als gesichert veranschlagten Verhaltensänderung ein. Das geht in diesem Rhythmus immer so weiter – bis Sie dann von sich sagen können, dass Sie die Meisterschaft im Telefonverkauf erreicht haben.

Doch bitte glauben Sie nicht, Sie könnten nun, einmal ganz oben auf dem Gipfel angelangt, nachlassen. Im Gegenteil: Sie müssen sich doppelt und dreifach anstrengen, um dort oben zu bleiben und den Perfektionsgrad immer noch ein wenig nach oben zu verschieben.

Wie heißt es so richtig: Lernen ist wie Schwimmen gegen den Strom: Wer aufhört zu schwimmen, treibt zurück. Also seien Sie bitte mutig und konsequent mit sich – und vielleicht erleichtern Ihnen die folgenden drei Motivationssätze Ihre ersten Schritte auf dem Weg zur Umsetzung Ihrer Erkenntnisse:

Es gibt nichts Gutes, außer: Man tut es. (Erich Kästner)

Auch der längste Weg beginnt mit dem ersten kleinen Schritt.

Alles, was wert ist, getan zu werden, ist es auch wert, erst einmal falsch getan zu werden.

Und damit – viel Spaß und viel Erfolg!

Literaturverzeichnis

Detroy, Erich-Norbert: *Das Powerbuch der Neukundengewinnung*, Frankfurt 2005

Dilts, Robert: *Die Veränderung von Glaubenssystemen*, 4. Auflage, Paderborn 2006

Fink, Klaus-J.: Bei Anruf Termin. 4. Auflage, Wiesbaden 2013

Fischer, Claudia: 30 Minuten für profitable Aquise-Telefonate. 3. Auflage, Offenbach 2011

Fischer, Claudia: *Maximale Telefonpower*, Wiesbaden 2005

Goleman, Daniel: *Emotionale Intelligenz*, München 1997

Hönle, Jan Helmut: Online beraten und verkaufen. So führen Sie den Kunden persönlich durch den Kaufprozess im Internet. Wiesbaden 2013

Johnson, Spencer: Die Mäusestrategie für Manager, München 2000

Lundin, Stephen C.; Paul, Harry; Christensen, John: *Fish!*, München 2003

Stempfle, Lothar: Der Kundeneinwand als Konfliktsignal, Finanzwelt 05/2006, S. 92 ff.

Stempfle, Lothar: *Erfolgreich Verkaufen am Telefon*, Vortrag DVKS Munchen, 05/2007

Stempfle, Lothar: Erfolgreiches Verkaufen – „Bürsten Sie Ihre Gespräche gegen den Strich", Tele Talk 05/2006, S. 30 ff.

Stempfle, Lothar: *Erwerben Sie Zuhörkompetenz*, Finanz Business 05/2007, S. 50 ff.

Stempfle, Lothar: *Kaufsignale nutzen*, absatzwirtschaft 04/2007, S. 67

Stempfle, Lothar: *So verhandeln Ihre Verkäufer souverän – auch unter Druck*, Deutscher Vertriebs- und Verkaufsanzeiger 226/2007, S. 1

Stempfle, Lothar; Stempfle, Doris: *Alles eine Frage der Einstellung: Wie Sie interessante Kunden von der Konkurrenz gewinnen!*, in: Wolfgang Ronzal: Profis im Finanzvertrieb, Wiesbaden 2006, S. 101 ff.

L. Stempfle, R. Zartmann, *Aktiv verkaufen am Telefon*,
DOI 10.1007/978-3-658-02990-6,

Stempfle, Lothar: Konfrontation satt Kuschelkurs (Verkaufen mit Provokation). In: managerSeminare, Heft 148, Juli 2010, S. 60–65

Taxis, Tim: Heiß auf Kaltakquise. So vervielfachen Sie Ihre Erfolgsquote am Telefon. Freiburg 2011

Stempfle, Lothar: Den Preis provokativ verteidigen. In: Bankmagazin 04/2011, S. 22–23

Zartmann, Ricarda: *Beschwerdemanagement – Eine Frage der richtigen Einstellung*, Sales Business 04/2007, S. 26 ff.

Zartmann, Ricarda: *Kunden, die sich beschweren, wie VIPs behandeln,* Deutscher Vertriebs- und Verkaufsanzeiger 223/2007, S. 5 ff.

Sachverzeichnis

L. Stempfle, R. Zartmann, *Aktiv verkaufen am Telefon*,
DOI 10.1007/978-3-658-02990-6,

W

Z

Printing: Ten Brink, Meppel, The Netherlands
Binding: Ten Brink, Meppel, The Netherlands